数学圈丛书
MATHEMATIC CIRCLES

湖南科学技术出版社

数字乾坤

Single Digits

【美】马克·钱伯兰 Marc Chamberland———著

唐璐———译

图书在版编目（CIP）数据

数字乾坤 /（美）马克·钱伯兰著；唐璐译 . — 长沙：湖南科学技术出版社，2020.3
（数学圈丛书）
书名原文：Single Digits
ISBN 978-7-5710-0011-0

Ⅰ . ①数…　Ⅱ . ①马…②唐…　Ⅲ . ①数学—通俗读物　Ⅳ . ① O1–49

中国版本图书馆 CIP 数据核字（2018）第 274495 号

湖南科学技术出版社独家获得本书简体中文版中国大陆出版发行权
著作权合同登记号：18-2015-110

SHUZI QIANKUN
数字乾坤

著者	**版次**
（美）马克·钱伯兰	2020 年 3 月第 1 版
译者	**印次**
唐璐	2020 年 3 月第 1 次印刷
责任编辑	**开本**
吴炜　王燕	880mm×1230mm 1/16
出版发行	**印张**
湖南科学技术出版社	13.75
社址	**字数**
长沙市湘雅路 276 号	200000
http://www.hnstp.com	**书号**
湖南科学技术出版社	ISBN 978-7-5710-0011-0
天猫旗舰店网址	**定价**
http://hnkjcbs.tmall.com	68.00 元
印刷	（版权所有·翻印必究）
长沙超峰印刷有限公司	
厂址	
长沙市金州新区泉洲北路 100 号	
邮编	
410600	

欢迎你来数学圈

欢迎你来数学圈，一块我们熟悉也陌生的园地。

我们熟悉它，因为几乎每个人都走过多年的数学路，从1、2、3走到6月6（或7月7），从课堂走进考场，把它留给最后一张考卷。然后，我们解放了头脑，不再为它留一点儿空间，于是它越来越陌生，我们模糊的记忆里，只有残缺的公式和零乱的图形。去吧，那课堂的催眠曲，考场的蒙汗药；去吧，那被课本和考卷异化和扭曲的数学……忘记那一朵朵恶之花，我们会迎来新的百花园。

"数学圈丛书"请大家走进数学圈，也走近数学圈里的人。这是一套新视角下的数学读物，它不为专门传达具体的数学知识和解题技巧，而以非数学的形式来普及数学，着重宣扬数学和数学人的思想和精神。它的目的不是教人学数学，而是改变人们对数学的看法，让数学融入大众文化，回归日常生活。读这些书不需要智力竞赛的紧张，却

要一点儿文艺的活泼。你可以怀着360样心情来享受数学，感悟公式符号背后的理趣和生气。

没有人怀疑数学是文化的一部分，但偌大的"文化"，却往往将数学排除在外。当然，数学人在文化人中只占一个测度为零的空间。但是，数学的每一点进步都影响着整个文明的根基。借一个历史学家的话说，"有谁知道，在微积分和路易十四时期的政治的朝代原则之间，在古典的城邦和欧几里得几何之间，在西方油画的空间透视和以铁路、电话、远距离武器制胜空间之间，在对位音乐和信用经济之间，原有深刻的一致关系呢？"（斯宾格勒《西方的没落·导言》）所以，数学从来不在象牙塔，而就在我们的身边。上帝用混乱的语言摧毁了石头的巴比塔，而人类用同一种语言建造了精神的巴比塔，那就是数学。它是艺术，也是生活；是态度，也是信仰；它呈现多样的面目，却有着单纯的完美。

数学是生活。不单是生活离不开算术，技术离不开微积分，更因为数学本身就能成为大众的生活态度和生活方式。大家都向往"诗意的栖居"，也不妨想象"数学的生活"，因为数学最亲的伙伴就是诗歌和音乐。我们可以试着从一个小公式去发现它如小诗般的多情，慢慢找回诗意的数学。

数学的生活很简单。如今流行深藏"大道理"的小故事，却多半取决于讲道理的人，它们是多变的，因多变而被随意扭曲，因扭曲而成为多样选择的理由。在所谓"后现代"的今天，似乎一切东西都成为多样的，人们像浮萍一样漂荡在多样选择的迷雾里，起码的追求也失落在"和谐"的"中庸"里。但数学能告诉我们，多样的背后存在统一，极致才是和谐的源泉和基础。从某种意义说，数学的精神就是追求极致，它永远选择最简的、最美的，当然也是最好的。数学不讲圆滑的道理，也绝不为模糊的借口留一点空间。

数学是明澈的思维。在数学里没有偶然和巧合，生活里的许多巧合——那些常被有心或无心地异化为玄妙或骗术法宝的巧合，可能只是数学的自然而简单的结果。以数学的眼光来看生活，不会有那么多的模糊。有数学精神的人多了，骗子（特别是那些套着科学外衣的骗子）的空间就小了。无限的虚幻能在数学中找到最踏实的归宿，它们"如龙涎香和麝香，如安息香和乳香，对精神和感观的激动都一一颂扬"（波德莱尔《恶之花·感应》）。

数学是浪漫的生活。很多人怕数学抽象，却喜欢抽象的绘画和怪诞的文学，可见抽象不是数学的罪过。艺术家的想象力令人羡慕，而数学家的想象力更多更强。希尔伯特说过，如果哪个数学家改行做了小说家（真的有），我们不要惊奇 —— 因为那人缺乏足够的想象力做数学家，却足够做一个小说家。略懂数学的伏尔泰也感觉，阿基米德头脑的想象力比荷马的多。认为艺术家最有想象力的，是因为自己太缺乏想象力。

数学是纯美的艺术。数学家像艺术家一样创造"模式"，不过是用符号来创造，数学公式就是符号生成的图画和雕像。在数学的比那石头还坚硬的逻辑里，藏着数学人的美的追求。

数学是自由的化身。唯独在数学中，人们可以通过完全自由的思想达到自我的满足。不论是王摩诘的"雪中芭蕉"还是皮格马利翁的加拉提亚，都能在数学中找到精神和生命。数学没有任何外在的约束，约束数学的还是数学。

数学是奇异的旅行。数学的理想总在某个永恒而朦胧的地方，在那片朦胧的视界，我们已经看到了三角形的内角和等于180度，三条中线总是交于一点且三分每一条中线；但在更远的地方，还有更令人惊奇的图景和数字的奇妙，等着我们去相遇。

数学是永不停歇的人生。学数学的感觉就像在爬山，为了寻找新的山峰不停地去攀爬。当我们对寻找新的山峰不再感兴趣时，生命也就结束了。

不论你知道多少数学，都可以进数学圈来看看。孔夫子说了，"知之者不如好之者，好之者不如乐之者。"只要"君子乐之"，就走进了一种高远的境界。王国维先生讲人生境界，是从"望极天涯"到"蓦然回首"，换一种眼光看，就是从无穷回到眼前，从无限回归有限。而真正圆满了这个过程的，就是数学。来数学圈走走，我们也许能唤回正在失去的灵魂，找回一个圆满的人生。

1939年12月，怀特海在哈佛大学演讲《数学与善》中说，"因为有无限的主题和内容，数学甚至现代数学，也还是处在婴儿时期的学问。如果文明继续发展，那么在今后两千年，人类思想的新特点就是数学理解占统治地位。"这个想法也许浪漫，但他期许的年代似乎太过久远——他自己曾估计，一个新的思想模式渗透进一个文化的核心，需要1000年——我们希望这个过程能更快一些。

最后，我们借从数学家成为最有想象力的作家卡洛尔笔下的爱丽思和那只著名的"柴郡猫"的一段充满数学趣味的对话，来总结我们的数学圈旅行：

"你能告诉我，我从这儿该走哪条路吗？"
"那多半儿要看你想去哪儿。"猫说。
"我不在乎去哪儿——"爱丽思说。
"那么你走哪条路都没关系。"猫说。
"——只要能到个地方就行。"爱丽思解释。
"噢，当然，你总能到个地方的，"猫说，"只要你走得够远。"

我们的数学圈没有起点，也没有终点，不论怎么走，只要走得够远，你总能到某个地方的。

李　泳
2006年8月草稿
2019年1月修改

> 一旦你掌握了数字，你实际上就不再是读数字，
> 就像你读书不是在读单词一样，你读的是意义。
>
> ——杜波依斯

有一个传奇故事是关于20世纪的两位数学魔法师，来自剑桥的顶尖学者英国人哈代和来自印度的青年天才拉马努金。在哈代的邀请下，拉马努金前往英国与哈代开始了合作研究。几年后，拉马努金病倒了——感染了肺结核——不得不在疗养院休养。哈代回忆了在去探访拉马努金时两人不寻常的对话：

> 我记得他在普特尼养病时，有一次我去看他。我是坐出租车去的，车牌号是1729，我说这个数字似乎相当乏味，希望不是不祥之兆。"不，"他回应道，"这是个很有趣的数，它是可以用两种方式表示为两个立方数之和的最小的数。"（*Hardy, Ramanujan, p.* 12）

的确，$1729 = 1^3 + 12^3 = 9^3 + 10^3$。怎么会有人看得出来呢？你必须花很长时间研究数字并建立很多关联。拉马努金依靠天赋、旺盛的求知欲和专注成了数字大师。哈代的长期合作者利特伍德在听到这个出租车牌的故事时评论说："所有正整数都是拉马努金的朋友。"

这本书写的是个位数，从1到9。虽然也很想包括0，但我还是坚持只包括计数数。每个数字都有迷人的性质，关联到许多不同的数学领域，包括数论、几何、混沌、数值分析、数学物理，等等。一些主题不需要很多数学背景，例如披萨定理，具有好奇心的12岁小学生都能理解；还有一些主题需要中等程度的数学知识；少部分主题，例如E_8，则需要较高深的数学知识，这部分不适合给小孩子读。基本上每个章节都是独立的短文。对于担心看不懂本书的读者，每一章中靠前的小节通常更简单，前面几章整体上也更简单。一些主题会在我的网上视频《引爆数学》中进一步探讨。每个人肯定都能从书中找到新的知识和启发，整数1到9以魔术般的方式与数学的多个维度联系到了一起。我希望你能把这些数当作朋友。

感谢我在格林尼尔的同事Chris French, Joe Mileti, Jen Paulhus以及数学同行Art Benjamin和Mike Mossinghoff提出的宝贵建议。有一群聪明能干的朋友能在有需要的时候及时给出富有启发的答案真是很棒。特别感谢普林斯顿大学出版社的编辑Vickie Kearn自始至终的支持。最后，感谢我的家人，尤其是我的妻子Marion，在漫长的写作过程中一直鼓励我。所有这些帮助让我能积极面对未来的挑战。

目　录

第1章

整数1

一生万物，万物归一。

—— 大仲马，《三个火枪手》

就算你是唯一反抗的人，真理永远是真理。

—— 圣雄甘地

整数1似乎毫不起眼，只有一个你能做什么呢？但1的简单性有其正面的一面：唯一性。在数学世界中，如果有许多选项，却只有一种可能，是一件很有价值的事情。搜索数学领域的论文和书籍，标题中含有"唯一"的超过2700种。如果知道问题有唯一解，就能给解题的结构和策略带来启发。这一章的部分小节（不是全部）探讨了数学中出现的各种唯一性，这给"1"带来了新的意义。

折纸

传统的折纸是用一张纸仅仅通过折叠得出最终的形状。数学家很严肃地对待折纸问题，他们进行了系统性的构造，包括利用计算机精确计算折叠图案。除了能促进艺术，他们的工作还有实际用途。例如，如何将太阳能板运送到太空？数学

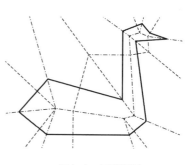

图1.1　天鹅折纸

折纸能设计出紧凑的组装方式以便于运输，一旦送进太空，太阳能板就能完全展开。

孩子们喜欢折美丽的白天鹅，但这种折纸违反了传统：不剪、不撕、不用胶水。但如果允许剪一刀呢？能做出什么样的图形？麻省理工学院（MIT）有一位年轻的加拿大裔教授埃里克·德曼给出了惊人的答案，他的研究领域是艺术、数学和计算机科学。德曼证明，任何形状，只要边界是由有限直线段组成，就能通过适当的折叠然后一刀剪出！这其中包括任意的多边形或多重多边形。图1.1给出了制作天鹅的折叠图样，将纸沿图形的短划线和点划线折叠起来，沿着实线一刀就能剪出天鹅。

斐波那契数列和黄金分割

数学家和数学爱好者都对斐波那契数列感兴趣。斐波那契数列最前面的两个数字是1，随后的每个数字都是前面两个数字之和，根据这个规则生成的数列是1，1，2，3，5，8，13，21，… 用F_n表示第n个斐波那契数，存在一个巧妙的通项公式：

$$F_n = \frac{1}{\sqrt{5}}\left[\left(\frac{1+\sqrt{5}}{2}\right)^n - \left(\frac{1-\sqrt{5}}{2}\right)^n\right],$$

随着n越来越大，第2项缩小到接近0，因此F_n可以近似为

$$F_n \approx \frac{1}{\sqrt{5}}\left(\frac{1+\sqrt{5}}{2}\right)^n,$$

这个缩略形式意味着前后项之间的比为

$$\frac{F_{n+1}}{F_n} \approx \frac{1+\sqrt{5}}{2}。 \tag{1.1}$$

右边的常数——通常用希腊字母ϕ表示——称为**黄金比例**。这个数与艺术、建筑和生物生长之间的关系有很久的研究历史，但并不是很多人都知道ϕ与整数1之间存在关联，有两个美丽的公式体现了这种关联。第一个是

$$\phi=1+\cfrac{1}{1+\cfrac{1}{1+\cfrac{1}{1+\cdots}}},$$

（1.2）

这个公式是一个无穷连分式。为了便于理解，考虑它的一个有穷形式：

$$1+\cfrac{1}{1+\cfrac{1}{1+\cfrac{1}{1}}}=1+\cfrac{1}{1+\cfrac{1}{2}}=1+\cfrac{2}{3}=\cfrac{5}{3},$$

注意在每一步化简中，最"底层"的分数——例如，第1个式子中的1/1，第2个式子中的1/2——就是相邻两个斐波那契数的比。随着不断加1和1除，近似公式（1.1）就产生出了公式（1.2）。

第二个将ϕ和数字1联系到一起的公式中包含嵌套开平方：

$$\phi=\sqrt{1+\sqrt{1+\sqrt{1+\cdots}}}。$$

（1.3）

同样可以写出其有限形式

$$\begin{aligned}\sqrt{1+\sqrt{1+\sqrt{1+1}}}&=\sqrt{1+\sqrt{1+\sqrt{2}}}\\&\approx\sqrt{1+\sqrt{2.414213562}}\\&\approx\sqrt{2.553773974}\\&\approx1.598053182。\end{aligned}$$

与连分式不同，不断加1和开平方产生的数没有那么漂亮的结构。不过要证明公式（1.3）并不困难。如果令$x=\sqrt{1+\sqrt{1+\sqrt{1+\cdots}}}$，则

$$x^2=1+\sqrt{1+\sqrt{1+\sqrt{1+\cdots}}}=1+x，$$

因此$x^2-x-1=0$。解这个二次方程（注意$x>0$）得到$x=\phi$。

数的唯一表示

将一个数分解成更小数的乘积有多少种方法？回想一下素数是不能分解的，最小的几个素数是2，3，5，7，11和13。60可以用10种方式分解（因子递增排列）：

$$2\cdot30=3\cdot20=4\cdot15=5\cdot12=6\cdot10=2\cdot2\cdot15=2\cdot3\cdot10$$
$$=2\cdot5\cdot6=3\cdot4\cdot5=2\cdot2\cdot3\cdot5。$$

其中最后一种是唯一的只用了素数的分解方式，算术基本定理指出所有的数都只有一种素数分解方式。

大素数的分解十分困难，目前还没有有效的分解方法，最具挑战性的分解问题是半素数的分解，半素数是两个素数的乘积。半素数在密码学中具有重要作用。由于大素数具有十分重要的应用价值，因此关注互联网安全的电子前线基金会为寻找超大的素数提供了丰厚的奖金。

如果将乘换成加，算术基本定理就不再成立，即使很小的数都可以有多种分解成两个素数之和的方式，例如，$16 = 5 + 11 = 3 + 13$。如果我们将范围限定在自然数的某个子集，并坚持其中每个数最多只能用一次呢？2的幂集 $\{1, 2, 4, 8, \cdots\}$ 就能做到这一点。例如，45可以写成 $45 = 32 + 8 + 4 + 1 = 2^5 + 2^3 + 2^2 + 2^0$。这等于是将数写成二进制形式，因为45的二进制就是101101。每个数都有唯一的二进制表示。

另一个能给出唯一表示的自然数子集与斐波那契数列有关。齐肯多夫定理指出任意一个正整数都能被唯一地写成一个或多个不相等并且不相邻的斐波那契数之和。例如，$45 = 34 + 8 + 3 = F_9 + F_6 + F_4$。需要强调是不相邻的斐波那契数，否则，如果用 $F_3 + F_2$ 替换 F_4，就会产生45的另一种表示。虽然斐波那契数列已有大约800年的研究历史，齐肯多夫定理却是在1939年才被发现。

分解纽结

在上一节我们看到所有正整数都有唯一的素数分解方式，这种将对象分解成一个基本部分集合的思想也出现在一些让人意外的场合。

要理解纽结理论首先要理解纽结的结构，可以将纽结想象成两端连在一起的长绳。如何将3维的纽结画在平面上呢？想象一下将纽结摊在平面上，注意线的叠跨。最简单的情形是构成一个圆环，这并不是传统意义上的纽结，被称为解结。最简单的纽结是三叶形纽结（唯一具有3跨的纽结）和八字结（唯一具有4跨的纽结），如图1.2所示，八字结在帆船和攀岩中经常用到。

图1.2 三叶形纽结（左）和八字结（右）

然后是分解的思想。假设有两个复杂的纽结，各自剪断，然后将两者连接到一起（图1.3），我们称之为复合纽结。这个过程也可以反过来，一个纽结可以分解成两个纽结。对此我们不关心其中一个或两个新纽结都为解结的情形，这类似于将数字 n 写成 $n \times 1$。如果一个纽结不能分解，我们称之为素纽结，这样基本问题就是是否所有纽结都能分解成一组素纽结，也就是说，算术基本定理是否能扩展到纽结？是！有定理证明了所有纽结都有唯一的素纽结分解。分解的序并不重要，无论怎样分解，最终的结果都是同样的一组素纽结。

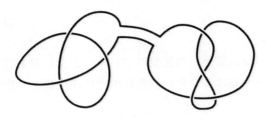

图1.3　将三叶纽结和八字结连到一起

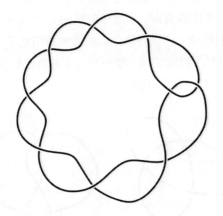

图1.4　只改变一个叠跨,能不能将这个变成解结?

　　除了叠跨的数量,还有另一种方式可以描述纽结的复杂性。假设我们可以剪开纽结将一个上跨变换成下跨(或反过来),对于给定的纽结,将其变成解结所需的变换次数称为解结数。让人惊讶的是有些纽结的叠跨很多,解结数却为1。你可以试一试图1.4中的纽结,只用一次变换,将这个有9次叠跨的纽结变成解结。这种情形很难一眼看出来。魔术师喜欢利用这种纽结,只用一次变换,然后让目瞪口呆的观众看着一团乱麻展开成一条简单的绳环。一般很难判断纽结的解结数,不过在1985年证明了,如果一个纽结的解结数为1,则其为素纽结。

计数和斯特恩序列

　　19世纪的数学家康托尔发展了不同层次的无穷大,震惊了数学界,他提出了一种比较两个集合的大小的新方法。

先说一个简单的问题：你怎么证明你的手指头同脚趾头一样多？大部分人都会说，"我有 10 个手指和 10 个脚趾，因此它们是一样多的"。这个论证没问题，但用到了一个不必要的概念，脚趾和手指的**具体数量**，问题要求的只是证明两个集合具有同样的大小，没有要求给出具体数量。那该怎么回答这个问题呢？将手指和脚趾一一对应就可以，即一个手指与一个脚趾配对。例如，左手的大拇指对左脚的大脚趾。通过配对，我们就能说手指的集合与脚趾的集合具有同样的大小 —— 用数学术语说就是具有相同的**基数**。将一个集合中的每个元素与另一个集合中的一个元素进行配对，这种一一对应的思想在数学中经常被用来证明两个集合具有相同的基数。

一一对应的思想可以延伸到无穷集。正整数的集合与所有非零整数的集合具有相同的基数。感觉似乎不太可能，因为第一个集合完全属于第二个集合。难道不应该是第二个集合是第一个集合的两倍大吗？实际上在两个集合之间可以建立一一对应：

$$
\begin{array}{ccccccc}
1 & 2 & 3 & 4 & 5 & 6 & \cdots \\
\updownarrow & \updownarrow & \updownarrow & \updownarrow & \updownarrow & \updownarrow & \cdots \\
-1 & 1 & -2 & 2 & -3 & 3 & \cdots
\end{array}
$$

第一个集合中的每个数都可以与第二个集合中的一个数配对，因此两个集合具有相同的基数。推而广之，任何可以"列出"的无穷集合都与正整数集具有相同的基数。这种集合称为可列无穷集，简称**可列集**。

正整数集和正有理数集如何比较？康托尔认为两者具有相同的大小。这又是如何做到的呢？任何两个相邻整数之间都有无穷多个有理数，得出这样的结论似乎很荒谬，标准做法是将有理数排列成网格（图 1.5），然后沿着对角线一一对应。排在前面的几个有理数是 1、2、

$\frac{1}{2}$、$\frac{1}{3}$、3、4、$\frac{3}{2}$ 和 $\frac{2}{3}$。从图中可以看到，我们略过了一些数。例如，在出现数字 $\frac{2}{3}$ 后，又出现了 $\frac{4}{6}$、$\frac{6}{9}$，等，根据先到先占的原则，我们将后出现的相同数字去掉，每个分数只在第一次出现时被计数。

	1	2	3	4	5	6	7	8	...
1	$\frac{1}{1}$	$\frac{1}{2}$	$\frac{1}{3}$	$\frac{1}{4}$	$\frac{1}{5}$	$\frac{1}{6}$	$\frac{1}{7}$	$\frac{1}{8}$	...
2	$\frac{2}{1}$	$\frac{2}{2}$	$\frac{2}{3}$	$\frac{2}{4}$	$\frac{2}{5}$	$\frac{2}{6}$	$\frac{2}{7}$	$\frac{2}{8}$	...
3	$\frac{3}{1}$	$\frac{3}{2}$	$\frac{3}{3}$	$\frac{3}{4}$	$\frac{3}{5}$	$\frac{3}{6}$	$\frac{3}{7}$	$\frac{3}{8}$	...
4	$\frac{4}{1}$	$\frac{4}{2}$	$\frac{4}{3}$	$\frac{4}{4}$	$\frac{4}{5}$	$\frac{4}{6}$	$\frac{4}{7}$	$\frac{4}{8}$	...
5	$\frac{5}{1}$	$\frac{5}{2}$	$\frac{5}{3}$	$\frac{5}{4}$	$\frac{5}{5}$	$\frac{5}{6}$	$\frac{5}{7}$	$\frac{5}{8}$	...
6	$\frac{6}{1}$	$\frac{6}{2}$	$\frac{6}{3}$	$\frac{6}{4}$	$\frac{6}{5}$	$\frac{6}{6}$	$\frac{6}{7}$	$\frac{6}{8}$	...
7	$\frac{7}{1}$	$\frac{7}{2}$	$\frac{7}{3}$	$\frac{7}{4}$	$\frac{7}{5}$	$\frac{7}{6}$	$\frac{7}{7}$	$\frac{7}{8}$	...
8	$\frac{8}{1}$	$\frac{8}{2}$	$\frac{8}{3}$	$\frac{8}{4}$	$\frac{8}{5}$	$\frac{8}{6}$	$\frac{8}{7}$	$\frac{8}{8}$	...
⋮	⋮	⋮	⋮	⋮	⋮	⋮	⋮	⋮	

图1.5 对有理数进行计数

有没有一一对应可以不这样跳跃呢？有一种方法要用到斯特恩序列。斯特恩序列是这样定义的，$f(0) = 0$，$f(1) = 1$，以及两个递归关系 $f(2n) = f(n)$ 和 $f(2n + 1) = f(n) + f(n + 1)$。前面几项是 0、1、1、2、1、3、2、3、1、4、3、5、2、5、3、4。可以证明这个数列中任何相邻的两个数都是互素的，也就是说，它们没有相同的因数。据此可以推出如下惊人的定理：在由 $f(n)/f(n+1)$ 生成的有理数序列中，每个有理数正好出现一次，这样我们就得到了所希望的正有理数与正整数的一一对应，表1.1列出了一些项。

表 1.1   斯特恩序列

n	0	1	2	3	4	5	6	7	8	9
$f(n)$	0	1	1	2	1	3	2	3	1	4
$f(n)/f(n+1)$	0	1	1/2	2	1/3	3/2	2/3	3	1/4	4/3

康托尔关于无穷的思想现在已经成为数学的标准，但刚提出时让数学界大为震惊。庞加莱称康托尔的研究为"绝症"（Dauben, *Georg Cantor*, 1979, p.266），克罗内克指责康托尔是一个"堕落青年"（Dauben, *Georg Cantor*, 1977, p.89）。希尔伯特则声称，"没有人能将我们从康托尔创建的天堂中赶出去"（Hilbert, *Über das Unendliche*, p.170）。

分形

三分康托尔集是数学分析中被研究得最多的怪异集合之一，构造方法是从区间 [0, 1] 开始，去掉中间的 $\frac{1}{3}$，即区间（$\frac{1}{3}$, $\frac{2}{3}$），然后再去掉剩下的 [0, $\frac{1}{3}$] 和 [$\frac{2}{3}$, 1] 这两个区间中间的三分之一，反复执行这个去除过程直到无穷（图 1.6）。感觉这个过程似乎什么也没留下，将去掉的区间长度加起来，通过几何级数可以算出

$$\frac{1}{3}+2\cdot\frac{1}{9}+4\cdot\frac{1}{27}+\cdots=1 ,$$

因此去掉部分的总长度等于原区间的总长度。不过，区间的度量与点集的度量不同，实际上留下的还有无穷多个点，也就是所谓的康托尔集。这个集合是如此精细，因此有时候也被称为康托尔尘。简要说一下，这个集合包含基为 3 并且每一位都不为 1 的无穷扩展的数。例如 $\frac{7}{10}$，其基为 3 的扩展是 0.20022002200⋯。

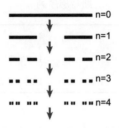

图1.6　生成康托尔集

康托尔集还有一个有趣的特性。将其复制一份，缩小为原来的 $\frac{1}{3}$，再复制一份，也缩小为 $\frac{1}{3}$，并右移 $\frac{2}{3}$。两个缩小的集合的并集正好就是原来的康托尔集。如果一个集合是有限个自身的缩小拷贝的并集，我们就说它具有**自相似性**。我们能从另一个集合出发，复制两份，像刚才那样缩小和移位，又得到原来的集合吗？不能。根据哈钦森定理，变换集 —— 即缩小和移位集合拷贝的规则 —— 唯一地确定了在这种变换下具有自相似性的集合。

生成康托尔集的过程可以被一般化，生成各种怪异的集合。如果是平面上的点集会更让人印象深刻。例如，将一个等边三角形分成4份，然后去掉中间的三角形。然后将留下的小三角形又分成4份，又去掉中间的。不断执行这个过程直到无穷，就可以生成谢尔宾斯基三角（图1.7）。

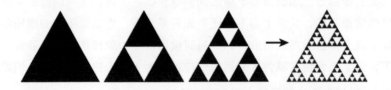

图1.7　生成谢尔宾斯基三角

很显然谢尔宾斯基三角也具有自相似性：将3个缩小的拷贝排列起来就可以得到原来的图。编写计算机程序画出这样的图不是很难，

有一个更简单的办法是借助混沌游戏这类程序对平面上的点应用下面
这3条规则：

$$1. 将 (x,y) 变换为 \left(\frac{x}{2}, \frac{y}{2}\right),$$

$$2. 将 (x,y) 变换为 \left(\frac{x}{2}+\frac{1}{2}, \frac{y}{2}\right),$$

$$3. 将 (x,y) 变换为 \left(\frac{x}{2}+\frac{1}{4}, \frac{y}{2}+\frac{\sqrt{3}}{4}\right)。$$

第一条规则将一个点移到距原点的一半处。第二条规则先执行与第一
条相同的操作，然后右移 $\frac{1}{2}$ 。第三条规则也执行与第一条相同的操作，
然后右移 $\frac{1}{4}$ ，上移 $\frac{\sqrt{3}}{4}$ 。

　　这里每一条规则都是受集合的自相似性启发。混沌游戏程序是怎
么做的呢？随机选择平面上的点并随机应用这3条规则其中的一条，
再随机选择一条规则并将其应用到新生成的点。重复这个过程，比如
说100次后，逐步将这些点画出来（图1.8）。谢尔宾斯基三角就慢慢
呈现出来。

图1.8　混沌游戏程序生成的谢尔宾斯基三角

　　一般而言，如果有有限条变换规则，每一条都是缩小，可能还有
移位和旋转。从任意点出发应用规则中的一条（每一步随机选取），反
复执行，根据哈钦森定理可知，填充出来的将是唯一的集合，这种集
合被称为吸引子。规则的结构会使得吸引子具有自相似性，这些自相
似集就是分形。用这种方法可以生成许多复杂的集合，例如巴恩斯利
蕨和门格海绵这样的三维结构（图1.9）。

图1.9　巴恩斯利蕨（左）和门格海绵（右）

吉尔布雷斯猜想

探寻素数中的模式就好像寻找圣杯，在这些数中发现简单秩序的每一次尝试都让研究者们回到原点 —— 吉尔布雷斯猜想正是这样。列出排在前面的一些素数，然后取相邻素数之差的绝对值，反复这样做，表1.2 给出了前面几行。

表1.2　　　　　　　　　吉尔布雷斯猜想

2	3	5	7	11	13	17	19	23	29	31
1	2	2	4	2	4	2	4	6	2	6
1	0	2	2	2	2	2	2	4	4	2
1	2	0	0	0	0	0	2	0	2	0
1	2	0	0	0	0	2	2	2	2	0
1	2	0	0	0	2	0	0	0	2	0
1	2	0	0	2	2	0	0	2	2	2
1	2	0	2	0	2	0	2	0	0	0

你有没有注意到某种模式？每一行都是从 1 开始，这不是因为我们只做了几行导致的巧合，一项计算机研究证实了，直到大约 3.4×10^{11} 行，每一行的第一项都是 1。吉尔布雷斯猜想认为第一项永远都是 1。这个问题看似很简单，但直到目前还没有被证明。

本福特定律

随机取一个正整数，第一位为 1 的概率有多大？当然是 $\frac{1}{9}$。1 并没有什么特别：遇到其他数的可能也同样是 $\frac{1}{9}$。然而如果改变一下场景，比如计算城镇的人口规模呢？第一位是 1 的可能性不再是 $\frac{1}{9} \approx 11\%$，而是 30% 左右。不仅仅城镇规模是这样，所得税、街道门牌号、斐波那契数列、河流的长度等，许多现象都存在同样的偏离。根据本福特定律，这些现象的第一位的值为 n 的概率是 $\log_{10}(1+\frac{1}{n})$。图 1.10 给出了计算出的百分比。

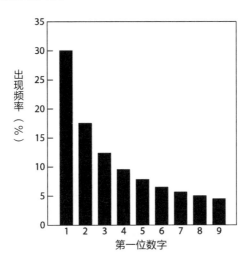

图 1.10　根据本福特定律得出的第一位数字的概率分布

不难证明这些概率加起来为 1：

$$S = \log_{10}\left(1+\frac{1}{1}\right) + \log_{10}\left(1+\frac{1}{2}\right) + \log_{10}\left(1+\frac{1}{3}\right) + \cdots + \log_{10}\left(1+\frac{1}{9}\right)$$

$$= \log_{10} 2 + \log_{10}\left(\frac{3}{2}\right) + \log_{10}\left(\frac{4}{3}\right) + \cdots + \log_{10}\left(\frac{10}{9}\right)$$

$$= \log_{10} 2 + \log_{10} 3 - \log_{10} 2 + \log_{10} 4 - \log_{10} 3$$

$$+ \cdots + \log_{10} 10 - \log_{10} 9$$

$$= 1。$$

第一个观察到并记录这种现象的是美国天文学家西蒙·纽康,他于1881年注意到对数表的第一页比后面的页面要脏得多,对数表在计算中经常要用到。直到20世纪30年代,弗兰克·本福特才再次注意到这种现象,随后他分析了大量人工的和天然的数据集。一般来说,具有某种指数增长率的现象都服从本福特定律。

这种违反直觉的小数字倾向已被应用到法律中。偷税者为了让伪造的文件看起来可信,会修改文件中的数据,为了让数据看起来真实,他们会以随机的方式捏造数据,这会导致数据违背本福特定律,从而引发稽查。

布劳威尔不动点定理

假设你有两张相同的画纸,将一张放在桌上,另一张揉皱,放在前一张上,各边不越出去,则皱纸上至少有一点不动,也就是说,正处于平纸的对应点的上方。这是布劳威尔不动点定理的一个具体例子。不幸的是,这个定理不是构造性的,它没有告诉我们那个不动点在哪里!类似布劳威尔这样的不动点定理有很多应用背景,包括数理经济学。与前面见过的一些唯一性定理不同的是,不动点定理给出的是存在性论断,唯一性定理说的是最多存在一个,而存在性论断说的则是至少存在一个。

布劳威尔不动点定理的一个变体是毛球定理。假设球上每点都有一根朝外的短毛发,毛发的方向以连续的方式变化,毛发定理说的是至少有一根毛发必须垂直朝上。你可以通过梳一个椰子来想象。而另一方面，不存在什么毛面包圈定理，面包圈上的所有毛发都可以沿同一个方向放平，因此没有毛发立起来。

逆问题

"给定 x，计算 x^2"，这样的问题可以直接通过乘法得出。给定数字 13，其平方是 169。反过来，"给定 x，求 y，使得 $x = y^2$"，如果 $x = 169$，则 $y = \pm 13$。这样的问题会引出一系列问题，就像例子中那样，答案可能不唯一。事实上，解有可能不存在：如果 x 是负数，就不存在 y 的平方等于 x。而即便解存在，要算出具体的值（或近似解）也需要更多努力，计算平方根比乘法所需的计算量要大得多。将最初的求平方的问题称为正问题，求平方根的问题则是相应的逆问题。

逆问题通常很难分析和解决，答案的存在有限制条件，构造答案的过程所需的计算成本要比相应的正问题昂贵得多（所需计算机内存和时间更多）。当然，如果答案不存在，求解就毫无意义，而如果答案不唯一，求解可能更为困难。

来看一个更复杂的逆问题。假设可以测量照片上每一点的灰度，则可以用这个信息来计算沿某条与图片相交的直线的平均灰度。现在将这个问题逆过来，假设已知沿某条直线的平均灰度，能不能利用这个信息求出各点的灰度？1917 年约翰·拉东对这个问题给出了肯定答案，拉东变换就是得出唯一灰度解的公式。

这个似乎纯粹理论性的结果具有广泛的应用。第一个实际应用出现在大约 50 年后，与医学成像有关，取一个人体截面（当然是想象的），我们关心的不是灰度，而是各点人体组织的密度。用已知强度的 X 线束穿过人体，并测量射线束的强度衰减，就能计算出沿途所穿过组织的平均密度。沿通过截面的所有直线测量平均密度，拉东变换就可以用这些测量值重构出各点组织的密度，对身体各层截面都执行这

个过程，就能得到人体各点密度的图像。有了这些信息，医生就可以发现肿瘤。对这项技术的早期应用使得神经疾病的诊断有了突破性进展，基于这种方法诞生了非介入性医疗成像技术。阿兰·科马克和高弗雷·豪斯费尔德由于在这个领域的奠基性研究荣获了1979年的诺贝尔生理学或医学奖。

解这类逆问题的成果还有很多，这个理论成功的一个关键是问题具有唯一解。除了医学，逆问题在其他领域也有很多应用，地震成像也是一个大尺度上的逆问题。如果声波传入地下，并且知道岩层的密度变化，就能计算出反射回地面的声波的强度。逆问题是测量出反射波的强度，据此利用数学重构地下岩层的密度，而不用挖洞！这是找油的现代方法。另一个逆问题是检测裂缝，为了检查引擎结构是否有缺陷，需要对缸体、活塞头和曲轴进行检测。与地震成像的思想类似，非破坏性的静电测量能够揭示材料的结构。这类测量技术在希望能无损的应用场合中被证明很有用。但故事并没有结束，这些应用背后的理论要求精确测量，而在实际中这是不可能的，条件局限和噪声会导致图像模糊，产生条纹和重影等干扰，要发展出数值稳定技术来逼近准确的唯一解还需要做更多研究。

完美正方形

一个正方形如果能被分割成有限个大小不一的小正方形，就称为完美正方形。这些正方形的任何子集如果都无法组成一个矩形，则称之为简单完美正方形。

俄国数学家尼古拉·卢津认为完美正方形不可能构造出来，但这个论断被推翻了，1939年斯普拉格给出了一个由55个正方形组成的完美正方形。1978年，杜维丁给出了一记组合拳，他构造了一个由21个正方形组成的简单完美正方形（图1.11，正方形中的数字表示边的长度）。对于阶为21的简单完美正方形，这种分割是唯一的，而且不存在更低阶的简单完美正方形。

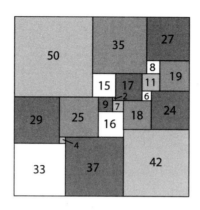

图1.11 将正方形分成21块的杜维丁分割

玻尔-莫勒鲁普定理

学数学的学生通常是在对排列进行计数时开始遇到阶乘，10个字母 $\{a, b, c, d, e, f, g, h, i, j\}$ 有多少种排列方式？在第一个位置有10种可能，第二个位置有9种，第三个位置有8种，如此继续，因此排列的总数是 $10! = 10 \times 9 \times 8 \times 7 \times \cdots \times 3 \times 2 \times 1 = 3628800$。阶乘在数学中有许多用途，表1.3展示了阶乘的增长有多快。阶乘可以用递归的方式计算，$(n + 1)! = (n + 1) \times n!$。为了与组合问题相联系，我们定义 $0! = 1$。

表1.3 阶乘函数值

n	0	1	2	3	4	5	6	7	8	9
$n!$	1	1	2	6	24	120	720	5040	40320	362880

传奇性的18世纪瑞士数学家欧拉想到了如何将阶乘函数扩展到正实数。我们想将表1.3中的那些点"连"起来，从 $(0, 1)$ 到 $(1, 1)$、$(2, 2)$、$(3, 6)$、$(4, 24)$，等。当然，有无穷多种途径可以这样做，但我们想让得出的函数具有"漂亮的"性质，欧拉将伽马函数（图1.12）

定义为

$$\Gamma(x) = \int_0^\infty t^{x-1} e^{-1} dx$$

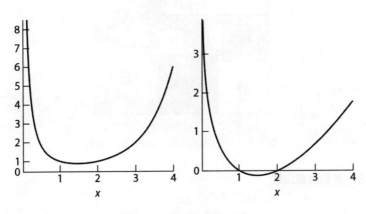

图1.12　函数$\Gamma(x)$和$\log\Gamma(x)$

这个函数具有两个类似阶乘的性质：对于所有$x > 0$有$\Gamma(1) = 1$和$\Gamma(x + 1) = x\Gamma(x)$，将这两个性质结合在一起可以证明，对于所有正整数$n$，有：

$$
\begin{aligned}
\Gamma(n) &= (n-1)\Gamma(n-1) \\
&= (n-1)(n-2)\Gamma(n-2) \\
&= (n-1)(n-2)(n-3)\cdots 2 \times 1 \cdot \Gamma(1) \\
&= (n-1)!。
\end{aligned}
$$

虽然这两个性质限制了对阶乘函数的可能扩展，但还是有其他可能。玻尔和莫勒鲁普发现了伽马函数的另一个性质：$\Gamma(x)$的图形具有对数凸性，也就是说，函数$\log\Gamma(x)$具有凸性。说一个函数$f(x)$具有凸性，意味着如果$a < b$，则连接$(a, f(a))$和$(b, f(b))$的线段位于$y = f(x)$的图形之上。那么伽马函数在阶乘函数的所有扩展中具有什么独特之处呢？玻尔－莫勒鲁普定理指出，伽马函数是唯一在正实轴上具有对数凸性的函数$f(x)$，并对所有的$x > 0$，有$f(1) = 1$和$f(x + 1) = xf(x)$。

伽马函数在数论和分析中用途广泛，除了正弦和余弦这类经常出现的三角函数，伽马函数可能是最常用的特殊函数。甚至在统计中，$\Gamma\left(\dfrac{1}{2}\right)=\sqrt{\pi}$ 还不太为人所知地用在了正态分布的公式中。

皮卡定理

学生一旦开始学习函数，就会学习定义域（可能的输入值的集合）和值域（对应的输出值的集合）的概念。如果一个实值函数的定义域是整个实数轴，则值域可能很大也可能很小。例如一个简单的例子 $f(x) = 5$，它的值域是 $\{5\}$，只有一个元素，而 $f(x) = x$ 的值域则是整条实数轴。在两者之间的呢？$f(x) = 1/(1 + x^2)$ 的值域是 $(0, 1]$（包括 1 但不包括 0），而 $\sin x$ 和 $\cos x$ 的值域都是 $[-1, 1]$，$f(x) = e^x$ 的值域则为 $(0, \infty)$。

如果将函数扩展到复变量，情况会更为复杂，由于定义域变大了，值域通常也会变大。非常数多项式的值域包含所有复数，这是代数基本定理的一个简单推论。三角函数 $\sin z$ 和 $\cos z$ 的输入如果是实数，则值域有限，但如果是复数则值域包含所有复数。一些在实数轴上有完整定义的函数则不能扩展到整个复平面，例如 $f(z) = 1/(1 + z^2)$ 在 $z = \pm i$ 就没有定义。

皮卡小定理给出了一个宽泛的论断：如果非常数函数的定义域是整个复平面，并且在每一点都可微，则函数的值域也是整个复平面，可能除去一个点。例如，函数 $f(z) = e^z$ 满足定理的条件，其值域包括除 0 以外的所有复数。为什么叫皮卡"小"定理？哪里小？它本身一点也不小，它只是不像类似的皮卡大定理那样更加彻底，要阐明这个定理还需要引入其他术语。

与实变函数类似，复变函数可能在一些点没有定义，这种点称为函数的奇点。有时候奇点就是函数图形上一个小小的洞，例如函数

$f(z) = \sin z / z$，这个函数在 $z = 0$ 没有定义，但随着 z 逼近 0，函数值逼近 1，我们称之为**可去奇点**。另一类奇点被称为极点，数学家们通常想到的都是这类，例如 $z = 0$ 就是函数 $\frac{1}{z}$ 的极点。这是一阶极点，如果函数 $f(z)(z - z_0)^m$ 在 $z = z_0$ 处有定义或者为可去奇点，并且 m 是满足这个条件的最小正整数，则称函数 $f(z)$ 在 $z = z_0$ 处有 m 阶极点。还有些奇点的特性很强，不是任何阶的极点，它们被称为**本性奇点**。例如函数 $\exp(\frac{1}{z})$ 在 $z = 0$ 处。

那么皮卡大定理说的是什么呢？假设函数 f 在 $z = z_0$ 处具有本性奇点。想象一个中心位于 z_0 的穿孔圆盘，即圆心被去掉了。这个定理断言，如果我们将定义域限定在这个穿孔圆盘上，则函数 f 的值域是整个复数域，至多排除一个点。无论圆盘有多小，值域都包含至多排除一个点的所有可能值。函数 $\exp(\frac{1}{z})$ 的本性奇点 $z = 0$ 在其值域中只排除了 0，但会命中其他所有值无穷多次。

第2章

整数2

二比一好。

——《传道书》4：9

整数2通常与成对或加倍有关，我们可以看到多个对象是如何相互关联的，这其中包括贝亚蒂序列和若尔当曲线定理的例子。另外我们还将看到整数2出现在与幂和素数有关的美丽定理中。你需要付出一些努力才能理解这个数所构成的神奇关系，但不要担心，你不会事倍功半。

若尔当曲线定理和奇偶校验

数学家们确信定理一旦被证明，就会一直成立。已经确证的结果不会被新的风尚或新的发现所证否。那么什么样的命题能够被提出？又有哪些需要证明呢？若尔当曲线定理看上去显而易见，然而证明却相当复杂。这个定理说的是任何简单、闭合的曲线（或若尔当曲线）都会将平面分成内外两个集合。图2.1给出了2个例子，其中一条闭合曲线很简单，与我们的直觉相符，另一条则不那么显而易见。不管你信不信，蒙娜丽莎的画像是单条曲线，它是由鲍勃·博斯巧妙地用算法生成的，这个算法通常被用于解决流动推销员问题，这个例子表明，要确定一个点是位于曲线内部还是外部有时候并不是那么显而易见的。下面我们来看看有没有简单的办法可以做到。

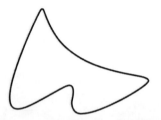

图2.1 若尔当曲线，简单的（上图）和不那么简单的（下图）

图2.2　点是在曲线里面还是外面?

　　以图2.2为例，从给定的点出发，"往外"移动穿过曲线（直接穿越，不用绕着曲线留在同一侧），穿越曲线会从内部换到外部，或是从外部进入内部，这样不断穿越直到明显位于外部。通过计算穿越次数，我们就能确定起点位于内部还是外部：偶数次穿越意味着是从外部出发，奇数次穿越则意味着是从内部出发。这个她爱我她不爱我的过程就是奇偶校验的一个例子。

　　另一个奇偶校验的例子与国际象棋有关。马能不能从棋盘的一个角走到对角，并且在这个过程中经过所有格子刚好一次？不要急着去拿你的象棋，回想一下马的走法，每次移动要么是从白格走到黑格，要么是从黑格走到白格。棋盘上有32个白格和32个黑格，因此走完时所处的格子颜色必定与开始格子的颜色相反，而棋盘上对角格子的颜色相同，因此这样的走法是不存在的。后面还有更多关于走马的内容。

纵横比

　　矩形的纵横比是矩形的宽度与高度之比。视频和静态的照片使用了各种各样的纵横比，印刷的图像通常需要注意缩放比例。假设我们

想将一个矩形分为两半，让每部分都与原来的矩形有一样的纵横比，如图2.3所示。这个想法很具有实用性，比如人们可以缩放海报或传单，在一张纸上复制多份而不会变形。那缩放比具体应该是多少呢？

假设宽度为x，高度为y，对折后的纸要具有相同的纵横比就必须满足 $\dfrac{x}{y} = \left(\dfrac{y}{2}\right)/x$，也就是说 $\dfrac{x}{y} = \dfrac{1}{\sqrt{2}} \approx 0.707$。北美通常使用的信纸纵横比为$0.773$（$21.6$厘米$\times 28$厘米），差一点点，其他国家大多使用A型纸张。A0纸的纵横比就是 $\dfrac{1}{\sqrt{2}}$，面积为1平方米。后面的型号（A1、A2等）都是像上面这样从A0纸对折而来，因此有相同的纵横比。A4纸接近北美信纸的大小。这种纵横比的好处早在1786年就被德国科学家格奥尔格·利希滕贝格注意到。

图2.3　缩放后

你有多对称?

对称是模式和不变性的几何概念,一直与美和形状联系在一起。最简单的对称是左右对称,又称为镜像对称。左右对称在生物界很常见,大部分动物,包括人,都或多或少具有左右对称,对称轴为径向面,将身体分为左右两半的垂直平面。

有证据表明一些动物更青睐对称的配偶。对于人类的面部对称有许多研究,有一个流行的理论认为对称之所以被视为更具吸引力是因为这表明身体很健康,实验也的确证明了更对称的脸被认为比不那么对称的脸更健康。还有理论认为对称的脸更具吸引力是因为视觉系统更擅长处理对称刺激。另一个理论则认为高度对称的脸表明这个人在发育过程中没有受到过压力。无论怎样,我们在生理上就擅长识别平衡性。

左右对称也是著名的罗尔沙赫氏心理测验(也称为墨迹测验)的典型证据,这个测验被用来评估那些不愿意或不能描述自己思维过程的病人的潜在精神疾病,罗尔沙赫认为对称有助于揭开受试对象的秘密。

勾股定理

勾股定理也许是世界上最著名的数学定理。如果 a 和 b 是直角三角形的直角边,c 是斜边,则 $a^2 + b^2 = c^2$。这个公式中的指数 2 就像是小姑娘头发上漂亮的发带。

数学家保罗·厄多斯在 17 岁时 —— 后面还会提到他 —— 被邀请到布达佩斯陪伴一位成功商人 13 岁的儿子。这个小男孩表现出了对数学的兴趣,因此他的父亲想让他多接触这位正冉冉升起的新星。厄多斯经常给这个小男孩讲一些数学问题,其中有这样一段对话:

"你知道多少种勾股定理的证明?"厄多斯问。

"一种。"

"我知道37种。"(霍夫曼,《数字情种》)

据说勾股定理有367种证法,达·芬奇发现过一种,美国总统詹姆斯·加菲尔德也发现过一种。有一种特别优雅的证明,无需公式,用的是覆瓦论证法。图2.4展示了如何用尺寸不同的两种正方形覆盖平面。

图2.4 用两种不同尺寸的正方形覆盖平面可以证明勾股定理

图中任意一个倾斜的大正方形可以分解成一个中等正方形和一个小正方形。图中三角形的边正好就是不同大小正方形的边,从而证明了勾股定理。这个证法是9世纪阿拉伯数学家阿尔奈里兹和泰比特·伊本·奎拉发现的。

勾股定理不仅在数学领域中影响巨大,在其他领域中也有许多应用,木匠就用它来验证直角是90度,他们称这个原理为勾三股四弦五法则。

勾股定理可以用来证明一个与月牙形有关的结论。月牙形由两条圆弧边组成。海什木月牙是大约1000年前由一位波斯数学家海什木提出的,是由两个月牙形和一个三角形组成的图形(图2.5)。你能证明两个月牙的组合面积等于三角形的面积吗?

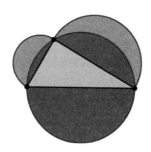

图2.5 两个月牙形的组合面积是否等于三角形的面积

下面的等式符合勾股定理，因此式中的代数式可以视为直角三角形的边：

$$(m^2 - n^2)^2 + (2mn)^2 = (m^2 + n^2)^2。$$

如果m和n是有理数，这个直角三角形的边就都是有理数。三角形的面积是$mn(m^2 - n^2)$。一个自然而然的问题是：这样的面积可以取哪些值？给定一个正整数N，存在面积为N的有理三角形吗？这个问题被称为同余数问题。如果存在这样的三角形，我们就称N是同余数。

边长为$\left\{\frac{20}{3}, \frac{3}{2}, \frac{41}{6}\right\}$的三角形面积为5，$\{3，4，5\}$的面积为6，$\left\{\frac{35}{12}, \frac{24}{5}, \frac{337}{60}\right\}$的面积为7。但可以证明面积为1、2、3或4的有理直角三角形不存在。对更大的面积，解答同余数问题更困难，考虑到其中涉及的平方数，问题可以简化为只考虑无平方数因数的N，即N可以被素数p整除，但不能被p^2整除。

有一个被称为滕内尔定理的方法可以检验给定的N。为了便于陈述，我们定义四个集合：

$$f(N) = \left\{(x, y, z) \in \mathbb{Z}^3 : x^2 + 2y^2 + 8z^2 = N\right\},$$
$$g(N) = \left\{(x, y, z) \in \mathbb{Z}^3 : x^2 + 2y^2 + 32z^2 = N\right\},$$
$$h(N) = \left\{(x, y, z) \in \mathbb{Z}^3 : x^2 + 4y^2 + 8z^2 = N/2\right\},$$
$$k(N) = \left\{(x, y, z) \in \mathbb{Z}^3 : x^2 + 4y^2 + 32z^2 = N/2\right\}。$$

$f(N)$表示三元组(x, y, z)的数量，三元组中的每一项都是整数，并且$x^2 + 2y^2 + 8z^2 = N$。滕内尔定理应用于无平方数因数的N，这个定理说的是，如果N为奇数，则当且仅当$f(N) = 2g(N)$时N是同余数；如果N为偶数，则当且仅当$h(N) = 2k(N)$时N为同余数。对于给定的N，这四个集合都是有限的，因此滕内尔定理可以用计算机通过有限的计算来检验。例如，$N = 2$不是同余数，因为$h(2) = 2$，$k(2) = 2$。而$N = 5$则是同余数，因为$f(5) = 0$，$g(5) = 0$。到2009年为止，一个国际团队已经检验了1万亿以内的所有N。

噢，在这个版本的滕内尔定理中忽略了一个烦人的细节，要让这个定理起作用还需要一个假设：我们要假设BSD猜想成立。这就像是发现你感兴趣的一辆二手车没有发动机，这个细节是致命的。为什么？ BSD猜想是克雷数学研究所千禧年大奖难题中列出的六大未解决数学问题之一，只要解决其中任何一个问题就能赢得100万美元奖金，许多数学家都在研究BSD猜想，但估计不会很快解决。

贝亚蒂定理

在第一章，我们见到了常数$\phi=(1+\sqrt{5})/2$，即黄金比例，现在构造整数序列

$$\lfloor\phi\rfloor, \lfloor2\phi\rfloor, \lfloor3\phi\rfloor, \cdots = 1, 3, 4, 6, 8, 9, 11, 12, \cdots,$$

$\lfloor x\rfloor$表示x的底，是不超过x的最大整数。 换句话说，如果x不是整数，则舍去小数。相邻项之间的间隙是不规则的，因为ϕ是无理数。以这种方式构造的序列称为贝亚蒂序列。如果观察不在这个序列中的正整数，即

$$2, 5, 7, 10, 13, 15, 18, 20, 23, 26, \cdots,$$

可以发现一个有意思的现象：这个新序列是与无理数 $\phi/(\phi-1)$ 相关联的贝亚蒂序列。换句话说，以 $\lfloor\phi/(\phi-1)\rfloor=2$，$\lfloor2\phi/(\phi-1)\rfloor=5$ 和 $\lfloor3\phi/(\phi-1)\rfloor=7$ 开始的序列本身也是贝亚蒂序列。这两个序列被称为威所夫序列。如果 x 是一个大的整数，小于 x 的数中，大约有 $1/\phi$ 的数在第一个序列中（我们说第一个序列具有密度 $1/\phi$），大约有 $1-1/\phi$ 的数在第二个序列中。值得注意的是，这种二分现象对于无理数 ϕ 不是唯一的。瑞利定理（有时也称为贝亚蒂定理）指出，对于任意无理数 $r>1$，由 r 和 $r/(r-1)$ 生成的贝亚蒂序列正好产生每个正整数一次。也就是说，每个大于1的正无理数将正整数分成两类，一类密度为 $1/r$，另一类密度为 $(r-1)/r$。

这类结果甚至还可以推进得更远。已经证明贝亚蒂序列包含无穷多个素数。最后我们给出一个有趣的式子，作为对这一节的回应，这个式子将斐波那契数、黄金比例、无穷级数和无穷连分数联系到了一起：

$$\frac{1}{2^{\lfloor\phi\rfloor}}+\frac{1}{2^{\lfloor2\phi\rfloor}}+\frac{1}{2^{\lfloor3\phi\rfloor}}+\cdots=$$
$$\frac{1}{2^0}+\frac{1}{2^1}+\frac{1}{2^1}+\frac{1}{2^2}+\frac{1}{2^3}+\frac{1}{2^5}+\frac{1}{2^8}+\frac{1}{2^{13}}+\frac{1}{2^{21}}+\cdots。$$

欧拉公式

在角色扮演游戏《地牢和龙》中，游戏者经常使用5种骰子，每种代表一种理想多面体：正四面体、立方体、正八面体、正十二面体和正二十面体。至少在柏拉图以前1000多年，人们就知道了这些多面体（图2.6）。我们可以数一下这些正多面体的面、边和点的数量，将结果列在表2.1中。这些理想多面体的点（V）、边（E）和面（F）的数量之间有什么联系吗？稍加研究就会发现在这5个例子中，都有 $V-E+F=2$。事实上，这个关系对任何凸多面体都成立，这个公式在1750年左右被发现，被称为欧拉公式。让人惊讶的是这个简单的公式过了几千年才被发现，这个公式引导了拓扑学的发展。

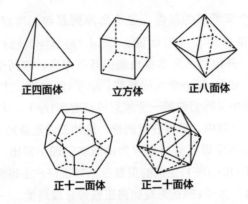

图2.6 理想多面体

表 2.1   欧拉公式：$V - E + F = 2$

名称	点	边	面
正四面体	4	6	4
立方体	8	12	6
正八面体	6	12	8
正十二面体	20	30	12
正二十面体	12	30	20

素数问题

整数2还出现在一些著名的说起来容易做起来难的问题中。在1912年剑桥召开的"第5届数学家大会"上，爱德蒙·兰道提到了4个这样的"无法解决的"问题（"兰道问题"，维基百科）。

哥德巴赫猜想

在用相乘的方式得到整数时，素数是基本的建筑材料，但哥德巴赫想的是将素数相加的问题，以他的名字命名的这个著名猜想认为所有大于 2 的偶数都可以写作两个素数之和。这个问题在 1742 年被提出，到目前仍没有解决，虽然已经通过计算验证了 4×10^{18} 以下的数。有观点认为对于大的 n，将 n 写成两个素数之和的方式约为 $n/(2 \ln^2 n)$ 种，这个无限增长的函数意味着大 n 可以有许多种方式写成两个素数之和。已经证明所有偶数都是最多 6 个素数之和。2013 年，相关的奇数哥德巴赫猜想被证明：所有大于 5 的奇数都是 3 个素数之和。陈景润证明了所有足够大的偶数都可以写成一个素数和一个半素数（两个素数之积）之和。

哥德巴赫猜想在一些小说中也客串了一把。小说《佩特罗斯叔叔和哥德巴赫猜想》（道萨迪亚斯，2001）写了一个年轻人与他的叔叔在数学问题上的一些交往。为了吸引眼球，出版商提供了 100 万美元奖金，谁在两年内解决了这个猜想就能赢得这笔奖金，这是一个很保险的赌注，没有人赢得这笔奖金。

如果你思考一下 20 或 38 这样的数，会发现它们无法被写成两个奇的组合数之和，不过 38 是具有这个性质的最大的数。下面这些等式可以让你信服这个论断：

$$10k + 0 = 15 + 5(2k - 3),$$
$$10k + 2 = 27 + 5(2k - 5),$$
$$10k + 4 = 9 + 5(2k - 1),$$
$$10k + 6 = 21 + 5(2k - 3),$$
$$10k + 8 = 33 + 5(2k - 5)。$$

挤出素数

一个较早提出的与素数有关的结果是柏特龙公设：对所有 $n > 1$，在 n 和 $2n$ 之间存在一个素数。这个公设由切比雪夫在 1850 年证明，利用了函数 $\pi(x)$ 的性质，这个函数是小于或等于 x 的素数的数量。

　　还有一个更巧妙的证明利用了19世纪分析数论的王冠宝石——素数定理，这个定理是在1896年由阿达马和普森各自独立证明。素数定理说的是

$$\lim_{x \to \infty} \frac{\pi(x)\ln(x)}{x} = 1,$$

即，当x很大时，$\pi(x) \approx x/\ln(x)$。根据这个定理可以得到，对于很大的n，

$$\pi(2n) - \pi(n) \approx \frac{2n}{\ln(2n)} - \frac{n}{\ln n} \approx \frac{n}{\ln n},$$

因为这个量可以任意大，当n足够大时，就能得出柏特龙公设。

　　勒让德猜想试图改进这个结果，把素数约束在更狭窄的范围：对任意$n>1$，在n^2和$(n+1)^2$之间存在一个素数。利用素数定理进行误差估计不足以保证在这些区间内至少存在一个素数，这个问题尚未解决。

孪生素数猜想

　　欧几里得证明了存在无穷多个素数。狄利克雷进一步证明，如果a和b互素，则集合$\{an+b : n$是正整数$\}$包含无穷多个素数。还有没有其他集合包含无穷多素数？一些素数对，例如（3，5）、（59，61）和（101，103），只相差2，被称为孪生素数。这些素数就像诺亚方舟上的动物一样是一对一对的，而且似乎没有尽头。2011年圣诞节，一个名为素数网格的分布式计算机项目宣布了已知的最大孪生素数：$3756801695685 \times 2^{666669} \pm 1$。这两个数的十进制表示有200700位。

　　目前仍未彻底解决的孪生素数猜想，问的是是否存在无穷多组孪生素数。解决这个问题的一条思路与无穷级数有关，一个经典结论是所有素数p的倒数之和$\sum \frac{1}{p}$发散。这是一种证明有无穷多个素数的复杂方法。不幸的是，这并没有击中孪生素数问题，布朗定理证明所有

孪生素数 q 的无穷级数 $\sum \frac{1}{q}$ 收敛（无论孪生素数猜想是否成立）。这个和，大约是 1.902160583，被称为布朗常数。

有趣的是，布朗常数曾因撼动 Intel 而备受关注。1994年，弗吉尼亚州林奇堡学院的托马斯·尼斯利教授编了一些程序生成孪生素数，他发现用他的程序计算布朗常数时，不同的机器计算的结果不一样，他意识到他使用的奔腾处理器有问题，很快发现是在进行浮点数除法时出现了很罕见的错误。那一批次的几乎所有芯片（超过100万片）都有同样的错误，虽然只影响到很少的一些程序，但持续的舆论压力还是迫使 Intel 更换了所有芯片，Intel 为此损失了 4.75 亿美元。

比孪生素数猜想更强的哈代–利特伍德猜想认为孪生素数的增长与这些素数有类似的形式。如果 $\pi_2(x)$ 表示小于 x 的孪生素数数量，这个猜想认为对于很大的 x，存在常数 C_2 使得

$$\pi_2(x) \approx 2C_2 \frac{x}{(\ln x)^2}$$

成立。C_2 定义为无穷积：

$$C_2 = \Pi \frac{p(p-2)}{(p-1)^2},$$

其中 p 是大于 2 的所有素数。

2013年5月，孪生素数猜想出现了惊人的进展，新罕布什尔大学的张益唐证明了存在无穷多对 $N < 70000000$ 的素数 (p, q)，其中 $N = q - p$。当然，我们希望的 N 值是 2，但是这已经比之前得到的结果好多了。张益唐给出的方法引发了缩小 N 值的热潮，在2013年夏天，Polymath 8 项目几乎每天都宣布一项 N 值的新纪录，到仲夏时，N 已经被缩小到了 246。

更快的序列中的素数

最后要说的一个猜想关心的是素数的出现有没有规律。狄利克雷定理证明了没有公因数的数构成的线性序列中存在无穷多个素数。如果序列是以平方增长呢？这就是兰道提出的问题的实质：存在无穷多个形为 $n^2 + 1$ 的素数吗？目前最好的结果证明了存在无穷多个具有这种形式的最多只有两个素数因子的数。

火腿三明治定理

先来一个问题热热身。奶奶烤了一盘 13 英寸 × 9 英寸的布朗尼蛋糕，准备和她的两个邻居分享，不过烤的时候，爷爷切了一块 3 英寸 × 3 英寸的吃了（图 2.7）。奶奶很恼火，不过还是想能够一刀把剩下的蛋糕切成面积相等的两块，该怎么做呢？沿着矩形中心和正方形中心的连线切就行。矩形和正方形都被分成了相等的两部分，因此两边的面积是一样的。

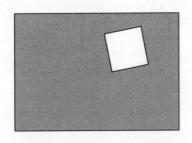

图 2.7　如何一刀将阴影部分分成面积相等的两份

火腿三明治定理更具一般性。我们先回头了解一下这个名称的由来，假设有一块三明治，上下两块不规则的面包夹着一片很厚的火腿。有没有办法一刀将面包和火腿都对半分？这个定理认为可以。如果你不喜欢火腿也没关系，这个定理有更一般的形式。对于 n 维空间中的 n 个有限物体（物体之间不必相连），总有一个 $(n - 1)$ 维超平面能同时将 n 个物体对半切分。如果你想在三明治中夹奶酪，可以将两片面包视为一个物体，然后对火腿、奶酪和（组合的）面包应用这个定理。

当 $n = 2$ 时，这个定理的一项应用有时也被称为煎饼定理。放在盘子上的两块薄煎饼（把它们当做二维物体）能够用（平面上的）一条直线同时对半分。奶奶的布朗尼蛋糕问题其实是煎饼定理的一个变体。

煎饼定理的一个离散版关注的是平面上的有限个点。假设这些点是大、小圆盘（图 2.8），这个定理指出有一条切割线能将大盘和小盘同时对半分成两部分，如果有一种盘的数量是奇数，则至少有一个盘落在线上。

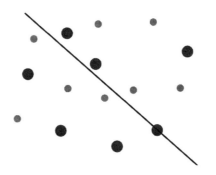

图 2.8　将小盘和大盘的集合同时对半分的线

幂集和 2 的幂

集合 $S = \{a, b, c\}$ 有多少子集？S 只有 3 个元素，因此全部列出来也不难：

$$\{\}, \{a\}, \{b\}, \{c\}, \{a,b\}, \{a,c\} \{b,c\}, \{a,b,c\}$$

总共有 8 个子集（注意第一个是空集，没有元素的集合）。如果不想一一列举，可以思考一下在构造的子集中是否包含某个给定的元素，因为每个元素有两种可能——包含或不包含——而 S 总共有 3 个元素，因此前面问题的答案是 $2^3 = 8$。当然，这个可以推广：如果 S 有 n 个不

同元素，则总共有2^n种可能的子集。S的子集的集合记为$P(S)$，称为S的幂集。

2的幂在许多场合都有出现。2^n是构造康托尔集时n步后的分段数。由于2^n是n位二进制数的位组合数量，几乎所有处理器的寄存器宽度都是2的幂（32位或64位最常见）。经典的小麦和棋盘问题以一种戏剧性的方式利用了2^n，这个故事有各种不同的描述方式，但都是奖励一个聪明人小麦（或稻谷），棋盘的第一格1粒，第二格2粒，第三格4粒，直到填满。由于$1 + 2 + 4 + \cdots + 2^{n-1} = 2^n - 1$，因此这位聪明人获得的谷粒数量是$2^{64} - 1 = 18446744073709551615$。这些谷粒堆起来将比珠穆朗玛峰还高，大约是2010年全球稻米产量的1000倍。

2的幂在分治算法中也有出现。分治算法是对问题进行分解（通常是分成两部分），然后对各部分再递归执行这个分解过程，直到分解成足够小可以直接解决为止。有一个简单的例子是在电话簿上查找某个名字（现在还有年轻人知道这个不？）。第一步是判断名字是在电话簿的前半部分还是后半部分，然后对剩下的部分执行同样的过程，拆半的过程不断继续，直到剩下的部分很少，可以直接找到名字为止。（说句题外话，有一个真实的故事，一位高中数学老师在微积分考试中开了一个玩笑，他在试卷空白处贴了电话簿的一部分，其中包括名字"A. Limit（极限）"以及这个人的电话号码。结果这位老师吃惊地发现学生们开始拨打这个电话号码寻求微积分的帮助。Limit先生显然很不高兴）

另一个分治算法的例子是汉诺塔问题（图2.9），有3根直立的柱子，n个大小不等的盘子从大到小叠放在柱子上，目标是将整叠盘子移动到另一根柱子上，移动过程中有两条规则：一次只能移动一个盘子，大盘子不能放到小盘子上面。从图中可以看出，将整叠盘子移过去的过程中包含移动一叠较少盘子的过程。解决n个盘子的汉诺塔问题至少需要$2^n - 1$步。解决实际问题的分治算法例子包括对大数据集进行排序（快速排序算法）和分析，分治算法经常是最高效的策略。

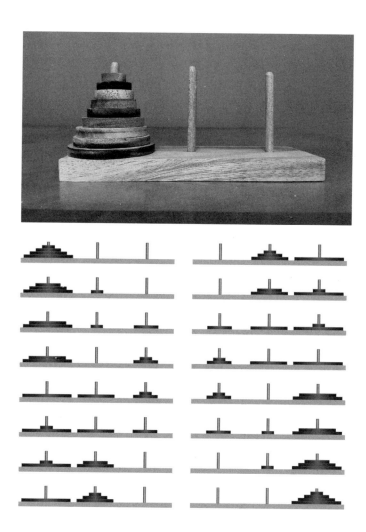

图 2.9　汉诺塔难题（上图），以及 4 个盘子的解法（下图）

在第 1 章曾讨论过集合，在进入无穷集时，对子集进行计数的问题变得更为有趣。当然，如果集合是无穷集，就有无穷多个子集。那还有没有什么可说的呢？如果两个无穷集的元素之间有一一对应关系，我们就说这两个集合有相同的基数（大小）。说一个无穷集 S_2 比另一个无穷集 S_1 大是什么意思呢？如果 S_1 和 S_2 之间不存在一一对应，但和 S_2 的子集存在一一对应，则 S_2 的基数比 S_1 大。

对于有 n 个元素的有穷集 S，我们知道 $P(S)$ 的基数是 2^n。注意对任何 n，都有 $2^n > n$。康托尔将这个观察推广到无穷集：$P(S)$ 的基数总是比 S 的基数大。这个结果表明可列集的幂集是不可列的。进一步可以证明，自然数的幂集与实数存在一一对应。同时，康托尔的论证还意味着，可以通过构造幂集生成基数更大的集合。简单地说，这表明无穷大不止 2 种，而是有无穷多种无穷大。

最后，幂集可以用来证明集合论存在不一致性，至少在目前为止所涉及的浅层次上是这样。假设构造一个所有集合组成的集合 S，它包含所有可能的集合，现在考虑 S 的幂集，由于这个新的集合比 S 的基数大，它必然也就更大，这样就产生了矛盾。数学思想中的这个含混之处在 20 世纪早期吸引了很多学者的注意。

西尔维斯特-加莱定理

如果平面上的点在同一条直线上，我们称这个点集共线。如果有穷点集不共线，是不是必然存在一条直线刚好包含其中两个点？这个问题由西尔维斯特在 1893 年提出，保罗·厄多斯在 1943 年再次发掘出这个猜想，很快就被他的匈牙利同行蒂伯·加莱解决。

这个问题虽然很容易陈述，直观上也很显然，要给出严格证明却不是那么容易。请注意如果是无穷点集，则这个定理不再成立。为什么？因为可以在平面的所有整数格点上放一个点，这样通过任何两个点的直线必然会通过无穷多个点。

一个稍有区别的问题是，对于 n 个不共线的点，这种直线的最少数量 $t_2(n)$ 是多少。这个问题到目前仍未解决，最好的结果是，除了 $n = 7$ 之外，$t_2(n) > \lceil 6n/13 \rceil$。$n = 7$ 的情况如图 2.10 所示。

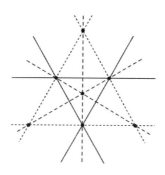

图 2.10　有 3 条直线刚好通过图中点集的 2 个点

π的公式

π可能是知名度最大的无理数，背诵π几乎成了奥运项目，最近的金牌获得者是丹尼尔·塔梅特，这位英国学者在 2004 年的圆周率日（3 月 14 日）用 5 小时 9 分将π背到了 22514 位。

有许多用于计算π的公式，包括无穷级数、无穷积和连分式，其中一些公式很诡异地围绕着整数 2。下面是韦达公式：

$$\frac{2}{\pi} = \frac{\sqrt{2}}{2} \frac{\sqrt{2+\sqrt{2}}}{2} \frac{\sqrt{2+\sqrt{2+\sqrt{2}}}}{2}.$$

这个公式在 16 世纪就被证明了，不过利用欧拉在 18 世纪发现的一个无穷积公式可以得到一个漂亮的证明，令 $x = \pi/2$，有

$$\frac{\sin(x)}{x} = \cos\left(\frac{x}{2}\right)\cos\left(\frac{x}{4}\right)\cos\left(\frac{x}{8}\right)\cdots.$$

另一类公式被称为 BBP 级数，其中一个公式利用了 2 的幂：

$$\pi = \sum_{n=0}^{\infty} \frac{1}{16^n}\left(\frac{4}{8n+1} - \frac{2}{8n+4} - \frac{1}{8n+5} - \frac{1}{8n+6}\right). \qquad (2.1)$$

这个公式在 20 世纪 90 年代才被发现，它看上去似乎不像其他π公式那

样让人印象深刻，而且其他一些π的级数表示收敛速度要快得多。这个公式的价值在于它可以快速计算16进制的π的数字而无需借助前面的数字。2000年，17岁的科林·珀西瓦尔用BBP公式计算了π的千万亿二进制数位，这个分布式计算项目用了250 CPU年，动用了56个国家的1734台电脑。

乘

用乘作为一节的主题，一些人可能会觉得好笑，但这个题目并不是开玩笑，用计算机算两个数的乘积所花费的时间真的很惊人，对乘法效率的任何提升都能给计算带来巨大的好处。

有两个计算两个量的乘积的方法与计算数的平方有关。第一个方法是先对 $n = 1, 2, \cdots, 2N$ 依次计算 n^2 的值并存储起来，利用公式 $n^2 = (n-1)^2 + 2n - 1$ 可以高效地执行这个计算，然后在对任意正整数 $x, y \leqslant N$ 相乘时，利用公式：

$$xy = \frac{1}{4}\left((x+y)^2 - (x-y)^2\right),$$

由于加和减的计算量比乘要少很多，这个方法比学校教的方法要更高效。有人可能会担心还需要除以4，其实这个计算是用二进制进行，除以4只不过是将数位移动2位。在19世纪曾经制作过200000以下的数的四分之一平方表。

第二个与平方有关的计算方法利用了机械，可以回溯到滑动尺等物理仪器的时代。通过计算平方，可以构造出抛物线 $y = x^2$ 的一部分。现在假设我们想求两个正数 x_1 和 x_2 的乘积，在抛物线上标记点 $A = (-x_1, x_1^2)$ 和点 $B = (x_2, x_2^2)$，简单计算就能证明连接 A 和 B 的直线通过点 $(0, x_1 x_2)$，利用线和铅锤可以制作一个快速计算器，在德国吉森的一家数学博物馆里就有这样一个抛物线计算器模型，见图2.11。

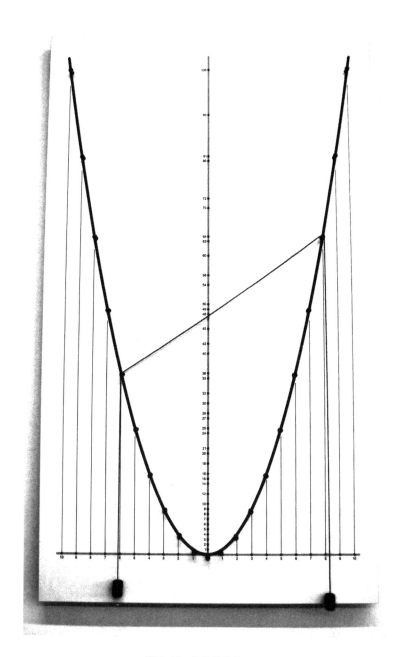

图2.11　抛物线计算器

图埃-莫尔斯序列

场地运动经常有选队员的流程：两位队长轮流选择他们的队员，这个流程显然有利于先选择的队长，有没有更公平的选择队员的办法？

假设队长A和B选择8名队员，最公平的选择顺序要么是ABBABAAB，要么是反过来的BAABABBA。两种方式都尽可能地进行了平衡，只要队员的数量是2的幂，就可以有类似的选择方式。

这种排序与图埃-莫尔斯序列有关，由两种符号——我们取0和1——组成的这种序列有各种等价定义，这种序列的前面几项是0110 1001100101101001011001101001。

序列的第n位t_n可以用递归的方式写出，对任意n，有$t_0 = 0$，$t_{2n} = t_n$和$t_{2n+1} = 1 - t_n$。可以写成公式：

$$t_n = \begin{cases} 1, & n\text{ 的二进制展开中的 1 的数量是奇数,} \\ 0, & n\text{ 的二进制展开中的 1 的数量是偶数.} \end{cases}$$

例如，$t_{23}=0$，因为$23= 10111_2$。这种用奇数和偶数定义的表示启发了对奇烦数（使得$t_n=1$的n）和偶魔数（使得$t_n= 0$的n）的定义：

奇烦数：0,3,5,6,9,10,12,15, …

偶魔数：1,2,4,7,8,11,13,14, …

图埃-莫尔斯序列也可以从单个0开始，然后每一步都对每一位应用规则$(0 \rightarrow 01)$和$(1 \rightarrow 10)$，也就是说将0替换成01，1替换成10，几次迭代后得到

$$0 \rightarrow 01 \rightarrow 0110 \rightarrow 01101001 \rightarrow 0110100110010110$$
$$\rightarrow 0110100110010110100101011001101001 \rightarrow \dots$$

这个应用简单规则生成对象的过程有时候也称为林登梅尔系统，简称L-系统，被用于分形几何。图埃-莫尔斯序列也可以定义为满足以下

等式的唯一序列 $\{t_n\}$：

$$\prod_{k=0}^{\infty}\left(1-x^{2^k}\right)=\sum_{n=0}^{\infty}(-1)^{t_n}x^n。$$

图埃-莫尔斯序列还有一些有趣的特性，比如，它明显具有镜像结构，一旦形成了 2^n 项，复制一份然后取位反补码（翻转 1 和 0），附在后面就能得到前 2^{n+1} 项。很容易证明这个序列不会有 3 个连在一起的 1 或 0。这个结果有一个惊人的推广：给定 0 和 1 组成的任意字串 v，图埃-莫尔斯序列中没有 3 个连在一起的 v。在国际象棋中有一条德国规则，说的是如果同一组移动依次出现了 3 次，就判定为平局。象棋大师马科斯·尤威注意到利用图埃-莫尔斯序列的这个特性可以构造任意长的棋局。

图埃-莫尔斯序列与数论中一个有趣的问题有关，这个问题又回到了选队员的策略，利用偶魔数和奇烦数，注意到

$$1^0+4^0+6^0+7^0=2^0+3^0+5^0+8^0，$$
$$1^1+4^1+6^1+7^1=2^1+3^1+5^1+8^1，$$
$$1^2+4^2+6^2+7^2=2^2+3^2+5^2+8^2。$$

这里的"平衡"现象蕴含着选队员的公平性。这些等式可以漂亮地进行推广：对任意正整数 n，有

$$\sum_{k=1}^{2^n}(-1)^{\tau(k)}k^m=0,$$

其中 $m = 0, 1, 2, \cdots, n - 1$。这种等式与等幂和问题有关。

对偶

超人漫画中有一个叫做疯狂世界的平行宇宙，在那里存在地球上每一个人的镜像，美貌等优点则被视为缺点。这个让读者感到有趣的思想借鉴自《星际迷航》和《宋飞正传》，而数学中则早就有了平行宇

宙的思想，虽然没有情感包袱和邪恶势力。

抽象地说，一一对应是在一个空间（主空间）和另一个空间（从空间）的物体之间进行，这两个空间可能相似也可能不相似，将两个世界连接起来的原因是一些性质在从空间中可能比在原来的主空间中看得更清楚。

对两个世界中的量或物体配对的概念比人们想象的更为普遍，比如将温度单位从华氏转换为摄氏，将距离从千米转换为光年。更有趣的转换来自内尔·哈彼森，他天生全色盲，21岁时，他戴上了电子眼，能将色彩转换为声音频率，传送到植入他脑后的芯片里。哈彼森将色彩的世界连接到了声音的世界。

对偶的例子在数学中比比皆是。最简单的包括将正数乘以-1转换为负数，再乘以-1又可以回到原来的数。如果一个变化在应用两次后能将开始的数变回原来的数，我们就称之为对合。另一个对合的变换例子是求非零数的倒数，比如，5变换为$\frac{1}{5}$，$\frac{1}{5}$又变换为5。

圆反演是更复杂的对合的例子。圆反演由几何学大师施泰纳在1830年发明，变换方式是点(a,b)变为$\left(\dfrac{a}{\sqrt{a^2+b^2}},\dfrac{b}{\sqrt{a^2+b^2}}\right)$。在这个变换中，单位圆内的点会变到单位圆外，圆外的点则变到圆内。另外如果我们考虑整个集合的变换，会发现不与原点相交的圆会变换成圆，与原点相交的直线也会变换成圆。在18世纪，精密加工需要直线导向，1864年发明了波塞里亚-利普金连杆（图2.12），这种机械结构利用圆反演将圆弧运动转化为直线运动，这种结构在蒸汽机的发展中起到了重要作用。

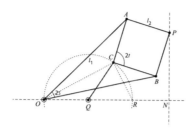

图2.12 波塞里亚－利普金连杆

最后一个对合的例子与图有关，图2.13给出了一个图G和它的对偶图G'。构造对偶图G'是在G的每一个面上放置一个点，包括没有包围的区域，对这些新的点，如果两个点所在的面之间有一条公共边，就用一条边将这两个点连起来，连成的图就是G'。构造对偶图是一种对合，因为G'的对偶图就是G，你可以用图2.13自己检验一下。

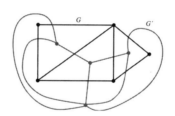

图2.13 图G和它的对偶图G'

我们来看看G和G'的性质有什么关联，一个图中的点如果可以分为两个集合，比如A和B，使得图的所有边都是连接A中的一个点和B中的一个点，我们就称这个图为二分图。二分图的例子在实际中很常见，例如以组织和个人作为点，用边连接个人和个人所属的组织得到的图（假设每个人至少属于一个组织）。如果一个图中存在一条由边组成的路径能遍历整个图，则称这个图为欧拉图。有定理证明了图G是二分图当且仅当它的对偶图G'是欧拉图。

阿波罗圆填充

在第1章我们看到可以用不同大小的正方形填满一个大正方形，

矩形也一样可以。那么曲边组成的形状呢？似乎不可能，不过我们可以将这个思想扩展到允许无穷多片。

让3个圆相互靠在一起，两两之间刚好有一个点接触。在图上可以构造出两个特殊的圆，一个在3个圆围出的空中，与3个圆相切，另一个则将3个圆包围起来，也与3个圆相切。这两种4圆集合都被称为笛卡儿构型（图2.14）。

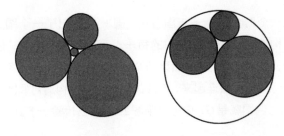

图2.14 两种笛卡儿构型

如果圆的半径为 r，则圆的曲率定义为 $c=\dfrac{1}{r}$，这容易理解，因为半径越大圆越大，弯曲程度就越小。笛卡儿发现了笛卡儿构型中4个圆之间的奇妙关系：

$$C_1^2 + C_2^2 + C_3^2 + C_4^2 = \frac{1}{2}(C_1 + C_2 + C_3 + C_4)^2,$$

给定 c_1，c_2 和 c_3，笛卡儿方程会给出两个 c_4 值，这两个值分别对应内嵌圆和外包圆的曲率。外圆的曲率会是负值（有时候也称为有向曲率）。用代数就能证明，如果最初3个圆的曲率和外圆的曲率都是整数，则内嵌圆的曲率也是整数。魔术才刚刚开始。可以继续构造内嵌圆，每个的曲率都是整数，最后无穷多个圆会填满所有空隙。这样用无穷多个圆填满一个圆被称为阿波罗圆填充，图2.15展示了两种可能，圆中的数字表示曲率。

图2.15 两种阿波罗圆填充

笛卡儿方程可以推广到更高维，不再是3个圆内嵌一个圆，而是4个球面内嵌一个球面。事实上，在 n 维空间中，用 $n + 1$ 个超球面可以内嵌另一个超球面，此时笛卡儿方程稍有变化。索迪高塞定理证明，n 维空间中 $n + 2$ 个相互相切的超球面的有向曲率 $c_j = \dfrac{1}{r_j}$ 满足

$$\sum_{j=1}^{n+2} c_j^2 = \frac{1}{n}\left(\sum_{j=1}^{n+2} c_j^2\right)^2 。$$

完全数和梅森素数

如果数 n 的因数（包括它自己）之和等于 $2n$，就称 n 为完全数。古希腊人就知道前4个完全数：6，28，496和8128。如果 $2p - 1$ 是素数（称为梅森素数），则 $2^{p-1}(2^p - 1)$ 就是完全数。欧几里得猜想所有偶完全数都是这种形式，这个猜想后来被欧拉证明。由于还不知道是否有无穷多个梅森素数，因此无法用它来证明有无穷多个完全数。

对梅森素数到底知道多少呢？首先注意到如果 $M_p = 2^p - 1$ 是素数，则 p 必须也是素数，因为如果 $p = ab$，其中 $a, b > 1$，则

$$2^p - 1 = 2^{ab} - 1 = \left(2^a\right)^b - 1^b,$$

最后的式子有因数$2^a - 1$，因此$2^p - 1$不是素数。很容易验证当$p = 2$，3，5或7时，M_p是素数。M_{11}不是素数，因为$M_{11} = 23 \times 89$。当$p = 13$，17和19时，M_p也是素数，但过了很久才由欧拉找到下一个梅森素数M_{31}。对于更大的p，M_p的值增长得很快，因此用常规方法检验是不是素数需要很长时间，但由于M_p的形式特殊，因此发展了一种特殊的检验法——卢卡斯–莱默检验法——来检验梅森数是否是素数。随着计算机技术的发展，可以检验越来越大的p值，20世纪90年代启动了大互联网梅森素数搜索（GIMPS）的分布式计算项目，由志愿者分享他们的计算机用于搜索梅森素数。2013年发现了第48个梅森素数$M_{57885161}$，这个数有17425169位。由于卢卡斯–莱默检验法的高效性，已知的最大素数几乎总是梅森素数。

最后一项事实将完全数与整数2联系起来：如果n是完全数，则

$$\sum_{d|n} \frac{1}{d} = 2,$$

也就是说，n的因数的倒数之和等于2。

五度相生律和2的平方根

毕达哥拉斯除了以他的定理闻名，还发明了调音法，不过现在他的调音法已经被取代了，不像他的定理那样不朽。

如果两个音相差一个音阶，高音的振动频率就是低音的两倍，这个原则沿用至今。两个音之间的"半程"音称为"纯五度"。毕达哥拉斯将纯五度与前一个音的频率比定为3/2，不过稍加分析就会发现这个比会带来问题。让我们来看看为什么。

假设我们想给钢琴调音，中央C音被认为是准的，上面的G音可以用3/2规则调谐，G后面是D，与中央C的频率比是$(3/2)^2 = 9/4$。下降一个音阶，中央C上面的D的频率比为9/8。类似的步骤可以推

出 E 与 C 的比为 $(9/8)^2$。继续这个过程，可以求出 F#，G#，A# 以及最后的 C 相对于中央 C 的比，这会得出荒诞的 $2 = (9/8)^6$。虽然比较接近，因为 $(9/8)^6 \approx 2.027$，但是误差会累加。

即便不懂算术，音乐家们也知道五度相生律不准，有时候会感觉听到的音不协调。在 15 世纪末，12 平均律的思想出现了，这个方法提出每一对相邻的音都有相同的频率比，一个音阶有 12 个音，相邻音的比是 $2^{1/12}$。这个方法在数学上具有一致性，也给音乐带来了好处，值得注意的是，五度相生律的毕氏比例，$3/2 = 1.5$，很接近平均律的比例 $2^{7/12} \approx 1.4983$。

不清楚为什么毕达哥拉斯不用 2 的幂调音，不过考虑到 $2^{7/12}$ 是无理数，也在情理之中，因为毕达哥拉斯和他的追随者排斥无理数的思想，据说因为希帕索斯证明了 $\sqrt{2}$ 是无理数，毕达哥拉斯的门徒把他丢到了海里。真不敢想象毕达哥拉斯会怎么看待超越数！

在证明 $\sqrt{2}$ 是无理数的方法中，最迷人的是用几何图形，证明用的是反证法，假设 $\sqrt{2}$ 是有理数，最终得出一个荒谬的结论，从而证明假设是错误的。我们可以假设 $\sqrt{2} = y/x$，其中 x 和 y 是某个正整数，根据勾股定理，我们可以构造边长为 x，x 和 y 的直角三角形（图 2.16）。从 B 到 D 画一条圆弧，将斜边分成两部分。圆弧在点 D 的切线与三角形的底边相交于点 E。对称性表明 $ED = BE$。现在我们有了一个新的直角三角形 CDE，边长分别是 $y - x$，$y - x$ 和 $2x - y$。关键在于注意到这个新三角形的边长必须也是正整数，但要比三角形 ABC 的对应边短。从这个小三角形出发，又可以重复同样的过程，产生出更小的相似三角形，边长为更小的整数。很显然这个过程无法永远继续下去，因此就得出了矛盾。

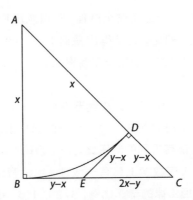

图2.16 $\sqrt{2}$ 是无理数的几何证明

一些数学家很反感反证法，为此需要找到一个构造性方法证明 $\sqrt{2}$ 不同于任何有理数。要做到这一点，先假设 a 和 b 是正整数，注意到 $2b^2$ 可以被奇数个 2 整除，a^2 则可以被偶数个 2 整除。这意味着 $2b^2$ 和 a^2 必定不同，因此 $|2b^2 - a^2| \geqslant 1$。这迫使

$$\left|\sqrt{2} - \frac{a}{b}\right| = \frac{\left|2b^2 - a^2\right|}{b^2\left(\sqrt{2} + a/b\right)} \geqslant \frac{1}{b^2\left(\sqrt{2} + a/b\right)} > 0,$$

从而证明了 $\sqrt{2}$ 和任何有理数总有差别。

关于 $\sqrt{2}$ 的另一个有趣的事实是：可以用它来证明存在无理数 a 和 b 使得 a^b 是有理数。怎么证明？考虑 $x = \sqrt{2}^{\sqrt{2}}$。如果 x 是有理数，则已证。如果 x 是无理数，则

$$x^{\sqrt{2}} = \left(\sqrt{2}^{\sqrt{2}}\right)^{\sqrt{2}} = \sqrt{2}^{\left(\sqrt{2}\sqrt{2}\right)} = \sqrt{2}^2 = 2,$$

从而得证。最后，$\sqrt{2}$ 无穷叠加的"塔"会构成一个惊人的公式：

$$\sqrt{2}^{\sqrt{2}^{\sqrt{2}\cdots}} = 2。$$

平方反比定律

牛顿万有引力定律的简洁有力的陈述是

$$F = G\frac{m_1 m_2}{r^2},$$

说的是质量为 m_1 和 m_2 的两个物体之间的引力与物体之间距离的平方成反比。这不是遵循平方反比定律的唯一物理现象，库仑定律测量两个物体之间的静电力：

$$F = k\frac{q_1 q_2}{r^2},$$

其中 q_1 和 q_2 是两个物体的电荷，r 是它们之间的距离。 一般来说，如果从点源发出的波的强度在球面波上均匀分布，则平方反比定律成立，因为球体的表面积与半径的平方成正比。

引力的平方反比定律不仅仅是显得漂亮（就公式而言），一个惊人的推论是牛顿壳层定理，它分为两部分。首先，均匀的球形壳（空心球的表面）通过重力吸引外部物体时，就好像所有物质集中在壳的中心。推论是，各层均匀的实心球对外部物体的吸引等同于点质量。行星因此可以被视为点质量，使得计算更容易。壳定理的第二部分说的是，均匀的球形壳对壳内的物体没有重力效果，就好像物体漂浮在空间中一样。双管齐下的壳层定理是牛顿定律的自然推论。事实上，这个推论很强，以至于可以反推：如果壳层定理成立，则重力必须满足平方反比定律。

算术几何平均不等式

如果一个电影角色需要在黑板上乱写一点东西来展示数学能力，他或她会写什么？ 大多数人会想到一个方程，比如爱因斯坦的标志性公式 $E = mc^2$。方程被认为是天才的标志，不等式则往往被忽视。最

常用的是算术几何平均不等式少不了整数2，对于任意两个正数a和b，算术平均值为$(a+b)/2$，几何平均值为$\sqrt{ab}$。算术几何平均不等式说的是算术平均值不会小于几何平均值，它们只有在$a=b$时才相等。最简单的证明是基于等式

$$\frac{a+b}{2} = \sqrt{ab} + \frac{1}{2}\left(\sqrt{a} - \sqrt{b}\right)^2,$$

最后一项不会为负，因此不等式成立。

　　我们可以应用不等式两次。如果$0 < x < y$，令y_1为x和y的算术平均值，x_1为几何平均值。根据不等式可得$y > y_1 > x_1 > x > 0$。现在从x_1和y_1开始，重复同样的过程，可以生成递增序列$\{x_n\}$和递减序列$\{y_n\}$，这个过程可以简写为

$$x_{n+1} = \sqrt{x_n y_n},$$
$$y_{n+1} = \frac{x_n + y_n}{2}\text{。}$$

可以证明

$$y_{n+1} - x_{n+1} < \frac{1}{2}\left(y_n - x_n\right)\text{。} \qquad (2.2)$$

因此两个序列相互很快逼近，共同的极限就是x和y的算术几何平均值。将这个极限记为$\text{AGM}(x, y)$，它具有以下性质：

$$\text{AGM}(x, y) = \text{AGM}\left(\sqrt{xy}, \frac{x+y}{2}\right)\text{。}$$

让人吃惊的是，这个函数与椭圆积分有关，

$$\int_0^{\pi/2} \frac{\mathrm{d}t}{\sqrt{x^2\cos^2 t + y^2\sin^2 t}} = \frac{\pi}{2\text{AGM}(x, y)}\text{。}$$

　　AGM函数可以用x_n和y_n的几步迭代数值计算这个积分。例如，只

需计算几项 x_n 和 y_n 就可以看出 AGM(1, $\sqrt{2}$) ≈ 1.198140235（表 2.2）。

表 2.2　　　　　　　　逼近 AGM (1, $\sqrt{2}$)

n	x_n	y_n
1	**1.1**892071150027210667174999705604 7591	**1.2**0710678118654752440084436210484903
2	**1.198**1235214931201226065855718201 5245	**1.1981**56948094634295559172166332 66247
3	**1.19814023 4**67730720579838378818980070	**1.19814023 47**9387720908287886907640746
4	**1.19814023473559**220743921365592754367	**1.19814023473559220744**063132863310406

加粗的数位表示正确的位。式（2.2）可以用下面的等式

$$y_{n+1} - x_{n+1} = \frac{1}{2} \left(\frac{y_n - x_n}{\sqrt{y_n} + \sqrt{x_n}} \right)^2$$

修正。平方意味着准确的数位在每一步会加倍，这使得快速计算成为可能。

正多项式

如果要求学微积分的学生证明多项式 $x^4 + 6x^3 + 2x^2 - 34x + 41$ 不会等于负数，他或她很有可能会对函数作图，或者用标准的求导方法找函数的最小值。这个证明可以简化，如果学生知道

$$x^4 + 6x^3 + 2x^2 - 34x + 41 = \left(x^2 + 3x - 4\right)^2 + \left(x - 5\right)^2,$$

既然这个多项式可以写成平方和，它就不可能为负。但总可以这样做吗？不会为负的实系数多项式 $p(x)$ 总是可以写成两项的平方和？是的！

证明是用的代数基本定理（ n 阶多项式刚好具有 n 个复数根）。我

们可以将一个多项式代数表达为一次因式的乘积

$$p(x) = C(x - r_1)(x - r_2) \cdots (x - r_n),\qquad(2.3)$$

其中 r_1, r_2, $\cdots$, r_n 是复数，C 是实数。由于 $P(x)$ 的系数是实数，因此复数根必定成对共轭：如果 $a + ib$ 是根（a 和 b 为实数），$a - ib$ 也是。与这两个根对应的一次因式的乘积可以写成

$$(x - a - ib)(x - a + ib) = (x - a)^2 + b^2 \text{。}$$

通过将所有成对复数根的一次因式乘到一起，可以将式（2.3）写成形为 $(x - a)^2 + b^2$ 的二次项的乘积，然后可以迭代使用婆罗摩笈多－斐波那契恒等式

$$(a^2 + b^2)(c^2 + d^2) = (ab + bd)^2 + (bc - ad)^2,$$

将所有项合并为两个平方项之和。因此，我们可以将任何非负的实系数多项式写成两个多项式平方之和。

这个漂亮的结果不能扩展到具有两个变量的函数。这个结果是希尔伯特发现的，但他给出的反例不是构造性的。他能够证明存在这种函数，但没有给出具体的例子。后来到了1967年才由西奥多·莫茨金给出了一个例子。函数 $P(x, y) = 1 - 3x^2y^2 + x^2y^4 + x^4y^2$（图2.17）非负，但是无法写成多项式平方之和。

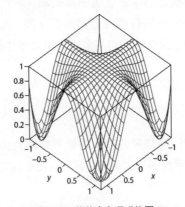

图2.17　莫茨金多项式的图

牛顿法求根

牛顿以他的万有引力定律、运动定律和发明微积分闻名，鲜为人知的是以他命名的求根法。

求函数 $f(x)$ 的根——方程 $f(x) = 0$ 的解，最朴素的方法是二分法。这是一种应用于区间 $[a, b]$ 上的函数 $f(x)$ 的分治方法，其中 $f(x)$ 是连续的，值 $f(a)$ 和 $f(b)$ 的符号相反。函数连续性确保函数在 $[a, b]$ 中的某处等于零。在这个过程中的每一步，区间被二等分，并且我们可以知道函数在两个对分区间之一的某一点处等于零。对这个过程进行迭代可以得到包含 f 的根的越来越窄的区间。

虽然二分法有效，而且很容易用计算机实现，但还是嫌慢。每一步平均可以得到 $\log_{10} 2 \approx 0.3$ 位准确的十进制位。与之相比，牛顿法可以说是快如闪电。牛顿法中采用的迭代公式的导数具有简单的几何性质。首先假定根值为 $x = x_0$，曲线 $y = f(x)$ 在点 $(x_0, f(x_0))$ 的切线是 $y = f(x_0) + f'(x_0)(x - x_0)$，假设这条线在 $x = x_1$ 处穿过 x 轴，将这个点作为我们下一步对根的逼近，并且满足等式

$$x_1 = x_0 - \frac{f(x_0)}{f'(x_0)},$$

现在从 x_1 开始，执行同样的过程找到下一步对根的猜测 x_2。继续这个过程，我们可以将 x_n 写成 x_{n-1} 的表达式：

$$x_n = x_{n-1} - \frac{f(x_{n-1})}{f'(x_{n-1})}。$$

那么牛顿法比二分法快多少呢？一旦我们接近了根，十进制小数点后面准确的数位每一步都大约会倍增。这使得求根可以很精确。需要注意的是，如果初始猜测距离根太远，牛顿法可能会失败，有时差距很大。还有其他求根方法，每一步产生更多的数位。哈雷法——以预测哈雷彗星出名的埃德蒙·哈雷命名——每次迭代可以将准确数位

增长3倍，然而，每一步所需的计算量要比牛顿法的两次迭代还要多。在许多场景中，牛顿法是已知最快的求根方法。

牛顿法应用的常见例子包括求均方根和高阶多项式的根。一个新的应用是快速求数的倒数。长除比乘法的计算量更大，但牛顿法可用于用乘法逼近数的倒数。怎么做？要计算$1/D$，从函数$f(x) = 1/x - D$开始，少量代数计算就能看出牛顿迭代式为

$$x_n = x_{n-1}(2 - Dx_{n-1}),$$

其中不需要相除！

与牛顿法有关的一个自然的问题是关于各零点的吸引域，也就是说，如果$\bar{x}$是f的零点，在采用牛顿法时，哪些初始值x_0最终会落到$\bar{x}$？以函数$f(x) = x^3 - 1$为例，这个方程有3个根：$x = 1$，$x = \left(-1 + i\sqrt{3}\right)/2$和$x = \left(-1 - i\sqrt{3}\right)/2$。利用牛顿法，我们发现画出来的各个根的吸引域展现出一幅惊人的图景（图2.18）。逼近同一个零点的点集用相同的灰度表示，不同区域之间的边界点被称为朱利亚集，以复数动力学的先驱加斯顿·朱利亚命名。朱利亚集中的点以混沌的方式在朱利亚集中相互迭代。

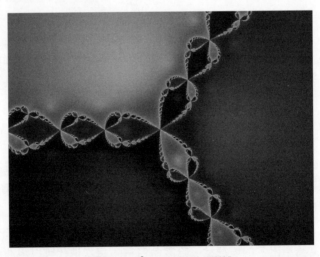

图2.18　$x^3 - 1$的零点的吸引域

再说乘除

我们在牛顿法一节已经遇到了相除的问题，并且知道了除可以替换为几次相乘，另一种除的技巧在精神上是类似的：

$$\frac{1}{1-x} = \frac{1+x}{1-x^2} = \frac{(1+x)(1+x^2)}{1-x^4} = \frac{(1+x)(1+x^2)(1+x^4)}{1-x^8} = \cdots。$$

如果 $|x| < \dfrac{1}{2}$，则分子的 n 项以相对误差 2^{-n} 逼近相除结果。对所有 $|x| < 1$，这个包含 2 的幂的公式可以无限扩展为无穷积：

$$\prod_{k=0}^{\infty} \left(1 + x^{2^k}\right) = \frac{1}{1-x},$$

通过展开这个无穷积可以换一个视角。展开后各项 x 的幂的系数等于 1，因为每个正整数都有唯一的二进制表示。这表明无穷积等于 $1 + x + x^2 + x^3 + \cdots$，即 $1/(1-x)$ 的几何级数表示。

$\pi^2/6$ 的诱惑

未解决的数学问题通常以提出它的人命名。但 1644 年提出的巴塞尔问题的名称来源不清楚，巴塞尔的杰出数学家伯努利家族可能是这个问题的提出者，不过另一位巴塞尔居民欧拉在 1735 年解决了这个问题。

那么什么是巴塞尔问题呢？它问的是一个无穷级数的具体值

$$\frac{1}{1^2} + \frac{1}{2^2} + \frac{1}{3^2} + \cdots。 \tag{2.4}$$

将这个级数的一截与另一个级数进行比较，不难看出这个级数必然收敛。

$$\frac{1}{1^2}+\frac{1}{2^2}+\cdots+\frac{1}{n^2}<1+\frac{1}{1\cdot2}+\frac{1}{2\cdot3}+\cdots+\frac{1}{(n-1)\cdot n}$$

$$=1+\left(\frac{1}{1}-\frac{1}{2}\right)+\left(\frac{1}{2}-\frac{1}{3}\right)$$

$$+\cdots+\left(\frac{1}{n-1}-\frac{1}{n}\right)$$

$$=2-\frac{1}{n}。$$

注意到无论n多大，部分和绝不会大于2，因此无穷级数必然收敛。

要证明一个无穷级数收敛往往不难，求收敛级数的具体值则是另一回事。没有明显的理由能够解释为什么（2.4）式的求和会具有一个干净利落的形式，因此在欧拉给出结果后有人悬赏了双倍奖金。

$$\frac{1}{1^2}+\frac{1}{2^2}+\frac{1}{3^2}+\cdots=\frac{\pi^2}{6}。 \tag{2.5}$$

这个惊人的求和现在有许多证明，用到了各种技巧：单重积分、多重积分、傅里叶级数、三角函数的级数表示、无穷积，甚至数论函数。欧拉也注意到他的结果能用于将幂2替换为偶数幂$2k$后的求和：

$$\frac{1}{1^{2k}}+\frac{1}{2^{2k}}+\frac{1}{3^{2k}}+\cdots=R_{2k}\pi^{2k}。$$

其中R_{2k}是有理数。你可能会想是不是所有这类问题都可解，然而3次幂求和

$$\frac{1}{1^3}+\frac{1}{2^3}+\frac{1}{3^3}+\cdots$$

就还没有解决。事实上，直到1979年，才证明这个数——通常称为阿培里常数——是无理数。

等式（2.5）也表明任何小于$\pi^2/6$的正数都可以写成只包含平方倒

数的无穷级数和。这个结果有一个不太显而易见的推论。假设 r 是位于两个区间 $[0, \pi^2/6 - 1]$ 或 $[1, \pi^2/6]$ 中的有理数,则 r 可以表示为平方倒数的有限项之和。

$\pi^2/6$ 还出现在另一个非常不同的场合。如果随机选择两个正整数,它们互素的概率有多大呢?换句话说,它们没有公因数的可能性有多大?具有公因数意味着有共同的素因数,因此这个问题可以简化为:两个数不同时具有因数 2 的概率是多少?随机的整数有 1/2 的概率为偶数,两个数都是偶数的概率是 $(1/2)^2$,因此两者不同时为偶数的概率是 $1 - (1/2)^2$。类似地,两个数不同时具有素因数 p 的概率是 $1 - 1/p^2$。由于对任意两个素数的这个概率相互独立,因此结果可以合并:两个随机数互素的概率是无穷积

$$\prod_p \left(1 - \frac{1}{P^2}\right), \tag{2.6}$$

其中 p 涵盖所有素数。怎么估计这个式子的值呢?首先,用无穷级数表示式(2.6)中的项,可得

$$\frac{1}{\prod_P \left(1 + \dfrac{1}{P^2} + \dfrac{1}{P^4} + \dfrac{1}{P^6} + \cdots\right)}。 \tag{2.7}$$

然后,可以让老朋友欧拉帮助我们。根据算术基本定理,每个正整数都有唯一的素数分解,欧拉意识到展开式(2.7)的积可以得到所有正整数的平方倒数:

$$\frac{1}{1 + \dfrac{1}{2^2} + \dfrac{1}{3^2} + \dfrac{1}{4^2} + \cdots},$$

现在我们可以利用巴塞尔问题的答案。两个随机选择的数互素的概率是 $6/\pi^2$。数学上,欧拉是当然的首席提琴手。

雅可比猜想

在地图上精确描绘各个国家的问题一直困扰着制图员们。将球面投影到平面有一个明显的问题是环绕的表示：法国可能不再与西班牙毗邻（或者堪察加半岛与阿拉斯加分开）。虽然只关注局部区域（比如中美洲）没有这个问题，但这个问题无法回避。所有投影都会引入某种扭曲，比如常见的墨卡托投影（图2.19）使得格陵兰岛看上去比非洲还大，而实际上非洲的面积是格陵兰的13倍。投影最好是能保持面积不变。这样的例子包括莫尔韦德投影、桑森-弗兰斯蒂投影、锤投影和艾克特第四投影。

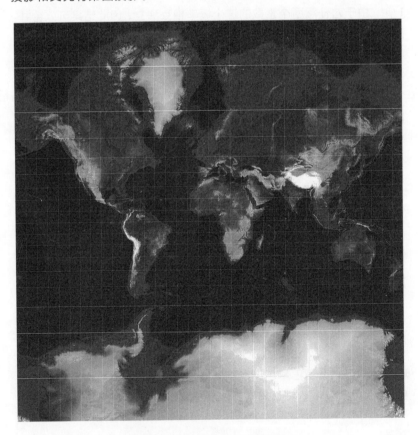

图2.19　采用墨卡托投影的世界地图

等面积投影会有什么数学性质呢？与其考虑球面到平面的投影，不如先考虑一下更简单的平面到平面的变换。举个例子，定义一个 (x, y) 平面到 (u, v) 平面的变换，$u = 2x$，$v = y/2$。如果 (x, y) 平面是一块橡皮，这个变换会将橡皮在水平方向上拉伸 1 倍，垂直方向上压缩一半。在这个变换中，任意区域的面积都会保持不变。

还有许多变换也能保持面积不变。一个更复杂的例子是 $u = x + f(y)$，$v = y$，其中 f 可以是任何函数。从数学上来说，任意区域的面积保持不变是因为变换的雅可比行列式等于 1。这个条件等价于等式

$$\left| \frac{\partial u}{\partial x} \frac{\partial v}{\partial y} - \frac{\partial u}{\partial y} \frac{\partial v}{\partial x} \right| = 1 。 \tag{2.8}$$

对于变换有一个期望的特性是可以"变回来"。这总是可能的吗？在函数论中有一个更基础的定理是反函数定理：如果等式 (2.8) 在某个点成立，则相应的变换在这个点附近可以反变换回来。不过，如果等式 (2.8) 在整个平面都成立，则无法确定是否存在一个函数可以整体地反变换回来。例如，变换 $u = x + f(y)$，$v = y$ 可以用 $x = u - f(v)$，$y = v$ 反变换回来。但是，函数

$$u = \sqrt{2} \mathrm{e}^{x/2} \cos\left(y \mathrm{e}^{-x}\right), v = \sqrt{2} \mathrm{e}^{x/2} \sin\left(y \mathrm{e}^{-x}\right)$$

就无法整体反变换，即便等式 (2.8) 能够成立，点 $(x, y) = (0, 0)$ 和 $(x, y) = (0, 2\pi)$ 都映射到 $(u, v) = (\sqrt{2}, 0)$。这是不是表明等式 (2.8) 没有告诉我们什么东西？不要那么快下结论。也许如果我们限于某一类函数，就能得到所期望的可逆性。1939 年，科勒尔提出猜想，如果变换是多项式，则全局可逆并且反变换也是多项式，这个问题被称为科勒尔–雅可比猜想，至今仍未解决。虽然普遍认为这个猜想在二维情形下成立，但有人认为在更高维的情形中不成立（虽然也还没有找到反例）。菲尔兹奖得主斯蒂芬·斯梅尔认为科勒尔–雅可比猜想是 21 世纪最重要的数学问题之一。

第3章

整数3

有三件事不能长期隐藏：太阳，月亮和真理。

—— 佛祖

三股合成的绳子不容易扯断。

—— 传道书 4：12

整数1和2性格温顺、守秩序、表现好，一般由清晰的结构主导，3不是这样。随着整数3，我们跌入了充斥着弹跳数字、混沌动力学和投票悖论的兔子洞。在许多场景中，3代表不可能。但是请放心，在3号门后面你不会找到一只山羊。

$3x+1$ 问题

1952年7月21日，英国南部，布莱恩·史威兹为了保持班上小学生的注意力，带他们做题。思索一番后，他想出了一个他们可以琢磨的问题。给定一个小的正整数，重复应用以下规则：

如果这个数是偶数，除以2。如果是奇数，乘以3然后加1。

比如从5开始，这个规则产生出序列5, 16, 8, 4, 2, 1, 4, 2, 1, 4, 2, 1, …。数字4, 2和1无限重复。如果我们从17开始，会产生出序列17, 52, 26, 13, 40, 20, 10, 5, 16, 8, 4, 2, 1, …。史威兹想知道是不是从任意数字开始最终都会进入{4, 2, 1}循环。答案并不显而易见。从27开始的轨道走得更远，缓慢而曲折，走了111步才到达1（事实上是走了96步才到了27以下），轨道中最大的数字是9232！

是不是所有轨道最终都会到达 1？这个问题现在通常称为 $3x+1$ 问题，也称为考拉兹猜想，不那么知名的说法还包括哈赛算法、锡拉丘兹问题、角谷静夫问题、乌拉姆问题和冰雹问题，因为这个问题在一些大学流行开来，或受一些人引导为人们所熟悉。1960 年，日本数学家角谷静夫说，"有一个月耶鲁人人都在研究，没有结果。在我将这个问题介绍到芝加哥大学后，也引发了类似的现象。有一个笑话说这个问题是拖慢美国数学研究的一个阴谋"（拉格尼阿斯，《终极挑战》，p.32）。

虽然史威兹也发现了这个问题，但最初的提出者通常被认为是洛萨·考拉兹。1931 年，考拉兹在思考类似 $3x+1$ 这样的复杂数论函数是如何产生有趣的图形的，由于最初用的函数太复杂，他想找一个更简单但保留了复杂动力学的函数，$3x+1$ 问题由此诞生。图 3.1 的考拉兹树展示了根据这个规则迭代的过程。

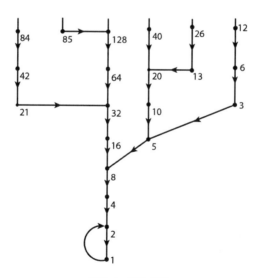

图 3.1 考拉兹树

到现在关于 $3x+1$ 问题已经发表了数百篇文章和两本专著，但是仍未解决。1999 年，为了这个问题在德国召开了一次为期两天的会议。事实上，对这个深不可测的问题目前只有很小的进展。这个问题将多

个数学领域联系到了一起,包括数论、函数方程、元胞自动机、组合数学、混沌理论和统计力学,但还是没有真正的突破。

如果有人认为在信封背面稍加计算就能找到一个反例,请不要忙着下结论,计算机已经验证到了20×2^{58}。如果存在一个不同于{4,2,1}的循环,则已经证明其中必定包含至少数十亿项。密歇根大学的拉格尼阿斯教授是这个问题绝对的权威,他认为这个问题并不适合用传统的"结构"数学进行研究,或者像保罗·厄多斯所说的,"数学还没有准备好解决这样的问题"。

三角形数和保加利亚单人纸牌游戏

一个数怎么会是三角形?不要联想到数字的形状,如果数n可以表示成$n = 1 + 2 + 3 + \cdots + k$的形式,我们就说$n$是三角形数。前面几个三角形数是1、3、6、10和15。我们可以想象码放一垛垛硬币的过程,第一垛放一个硬币,之后每一垛都多一枚,堆出来的形状就是三角形。第k个三角形数的一个紧凑表示是$k(k + 1)/2$。图3.2给出了一个可视化证明。

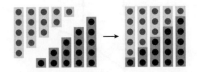

图3.2 $1 + 2 + \cdots + k = k(k + 1)/2$的一个证明($k = 5$)

三角形数在组合数学中经常出现。我们来看一个纸牌游戏,取一垛N张纸牌,分成几垛,数量不用是一样的,依纸牌多少降序排列这些纸牌垛。现在每垛取一张放到一起组成新的一垛,再从多到少排列纸牌垛,不断重复这个过程。这个游戏称为保加利亚单人纸牌游戏。举个例子,假设有10张牌,最初分3垛,牌的张数是(8,1,1)。迭代一次得到两垛,张数分别是(7,3),之后依次是(6,2,2),(5,3,1,1),(4,4,2),(3,3,3,1),(4,2,2,2),(4,3,1,1,1),(5,3,2),

（4，3，2，1），然后就保持不变了。

由于在游戏的过程中牌的总数不变，因此最终必然进入重复的模式。上面的例子是一个定理的特例，这个定理说的是，如果牌的数量是三角形数，$N = 1 + 2 + \cdots + n$，则无论最初怎么分，最后都会变成$(n, n - 1, \cdots, 3, 2, 1)$后停止下来。如果$N$不是三角形数，则不会停在不变的状态，而是进入循环，例如从$N = 9$开始，最初分成（5，3，1），迭代后依次是（4，3，2），（3，3，2，1），（4，2，2，1），（4，3，1，1），然后又回到（4，3，2）。有人提出猜想，对于固定的N，无论最初如何分，最终都会进入唯一的循环。不过这个猜想是错的，当$N = 8$时，有两种不同的循环：

$$(3, 3, 1, 1), (4, 2, 2)$$

和

$$(3, 2, 2, 1), (4, 2, 1, 1), (4, 3, 1), (3, 3, 2)。$$

石头、剪刀、布和博罗梅安环

抛硬币、抽签和掷骰子都是广为人知的生成随机数的方法，石头、剪刀、布则带了一些技巧，不是真正的随机。如果你不熟悉也没有关系，这个很容易掌握。两个人同时出拳，可以是三种手势中的一个：石头（拳头）、布（平手掌）或剪刀（手握拳，食指和中指伸出）。决定输赢的规则如下：布赢石头，石头赢剪刀，剪刀赢布。如图 3.3 所示。

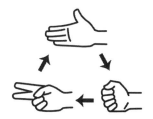

图 3.3　石头、剪刀、布的动力学

虽然看规则好像游戏是随机的，其实不然，有经验的老手更容易赢。事实上还有专门的计算机编程比赛，程序需要利用对手的出拳历史采取更好的策略。即便没有计算机，玩的时候也有技巧。例如，根据观察，没有经验的男人通常都是从石头开始，没有经验的女人则通常是从布开始。其中的心理学很有意思。

从数学的角度看，这个游戏也很有意思，因为其中包含了非传递性。每种手势都可以赢一种手势，又输给另一种。这个特性将石头、剪刀、布与一种看似无关的数学对象联系起来：博罗梅安环。在第1章我们看到，纽结可以扭得相当复杂。一组连接的纽结称为链。铁链就是链的简单例子，这更让人混淆，因为它是由多个链接在一起的解结组合而成。显然，链条具有一个特性，如果拿掉一个中间链结，链条就分成了两部分。有一个基本问题是，是否有某种链，除去任意一个纽结，所有部分都会分开。答案是肯定的，这种链称为布鲁尼安链。最简单的布鲁尼安链就是博罗梅安环（图3.4）。

图3.4　博罗梅安环

博罗梅安环由3个解结组成，这些环不是平放在平面上的很厚的环形解结。为什么？请注意环1在环2的上面，环2在环3的上面，环3又在环1的上面。每个环都在一个环的上面，又在另一个环的下面，很显然与石头、剪刀、布一样存在非传递性。

博罗梅安环在多种场合中都有出现，包括宗教符号（佛教和印度教寺庙、基督教的三位一体）和公司商标（图 3.5）。名称来源于北意大利的贵族博罗梅安家族，他们的衣服臂章上绣有这个标志。博罗梅安环还与一种古老的编辫法有关。将标准的"马尾"辫的各束头发首尾相连就会形成博罗梅安环（图 3.6）。

图 3.5　衣服臂章（左上）、啤酒商标（右上）以及基督教三位一体标志（下）中的博罗梅安环

图 3.6　辫子与博罗梅安环

随机行走

5 岁的莫妮卡住在一条有长长的人行道的街上，有一天，站在家门口的她决定做一个实验。她抛硬币看是正还是反，如果是正，就往北走一步，如果是反，就往南走一步。莫妮卡想看自己最终是否总能回到她的家门口。在研究了很多次后，她发现自己总是会回来，虽然有时候要走很多步。

15 年后，莫妮卡雇了她的妹妹阿黛拉做一个更复杂的实验。莫妮卡把车开到城市中的某个地方，城市的街区都是统一的格子形状。在一个十字路口，阿黛拉扔一个有 4 个面的骰子（正四面体），随机产生 1 到 4 中的一个数字。扔出 1 就往北开一个街区，2 往西，3 往南，4 往东。莫妮卡的问题与人行道问题类似：她总能开回到出发的十字路口

吗？同样，答案是肯定的（虽然很费汽油，爸爸也很生气保险杠被撞弯了）。

许多年后，莫妮卡告诉了她的孙子杰吉和昆西人行道和开车的实验，杰吉和昆西觉得他们应该用自己的太空飞船尝试一下类似的实验。杰吉将他的飞船开到电离层的一个固定点，昆西扔一个6个面的骰子，根据结果决定飞船是朝远离地球的方向飞1千米，还是朝着地球飞，或是朝4个水平方向中的某一个飞。飞船总是会回到出发点吗？重复实验的结果很惊人：他们似乎只有1/3的机会回到出发点。杰吉和昆西飞回家，想知道奶奶还有没有更有趣的故事。

这个实验通常称为随机行走，这样的随机运动在许多领域的研究中都有应用，例如分子在液体和气体中的运动，群体遗传学中的遗传漂移现象，在计算机科学中还被用于估计万维网的规模。莫妮卡与她的家人的实验揭示了在不同规模的空间中结果也不同。在一维和二维无穷网格中的随机行走，从某一点出发，几乎可以肯定会回来。三维网格则让人吃惊：回来的概率大约是34%。

三等分角

几何是一门古老的学问，受到了许多古文明的关注，如巴比伦、埃及、印度等，但成就最高的应该是希腊。欧几里得、毕达哥拉斯、泰勒斯和托勒密等人留下的定理和问题启发的研究一直延续到今天。

由古希腊人提出但是没有解决的一个问题是三等分角的问题。只用无刻度的直尺和圆规，如何才能将任意的角三等分呢？二等分角很容易，参见图3.7。

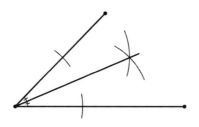

图3.7　用直尺和圆规二等分一个角

　　三等分角则没那么容易。特定的角 —— 比如直角 —— 可以三等分,但古希腊人做不到三等分任意角。直到1837年,才由皮埃尔·旺策尔证明了 —— 用到了抽象代数,尤其是伽罗瓦理论 —— 只用直尺和圆规三等分任意角是不可能的。

　　如果允许使用其他工具,三等分问题就可以解决。已经发现了用折纸、刻度尺或环绕圆柱的绳子三等分角的方法。问题的简单性和顽固性激发了许多爱好者寻找初等解法的热情,一些人不接受19世纪的结果,还炮制出了任意角可以被三等分的"证明"。数学家达德利还写了一本娱乐性质的《三分者》(1996)对此进行了描绘。

　　虽然我们无法三等分角,但并不能阻止人们发现与三等分有关的定理。有一个漂亮的结果 —— 被称为莫莱三分定理 —— 说的是对任意三角形,由三等分线相交成的点组成等边三角形(图3.8)。

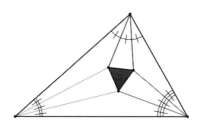

图3.8　莫莱三分定理

1899年发现的这个结果令人敬畏,因此也被称为莫莱奇迹。

三体问题

牛顿万有引力定律有着广泛的应用，在弹道学上也取得了巨大成就，但我们还想考虑规模更大的问题，例如星体之间的相互作用。

在一些情形中，多体问题可以用多个双体问题来近似。如果有一个星体比其他星体大得多——就如太阳与其他行星——就可以认为小星体的运动是受大星体主导，就引力来说，当考虑某一个行星的轨道时，可以认为只有太阳存在。牛顿定律的一个漂亮推论是从数学上证实了开普勒行星运动三定律的观测结果。另一个经典的二体问题是双子星，也就是相互围绕对方运转的恒星，据估计在银河系中有1/3的恒星是双子星或多星系统。

二体问题在数学上已经被解决，不过三体或多体情形的数学则要复杂得多。经典问题包括月球–地球–太阳系统。地球的运动大体上受太阳主导，月球由于靠近地球，因此月球的运动受地球主导，但太阳也有不可忽视的影响。三体问题的一个特殊情形是其中一个星体要比另外两个轻得多，例如，地球、月球和人造卫星组成的系统，对这种情形，数学可以大为简化，从而可以解出方程，这被称为限制性三体问题。

18世纪70年代，法国数学家拉格朗日发现，如果除了两个星体之外其他星体都相对较小，会有一个有意思的结果：在5个点上——称为拉格朗日点或平动点——小星体相对于两个大星体可以保持静止。

图3.9展示了理想的日地系统中的这5个点。点L1是观测太阳的理想位置，因为从不会被地球或月球遮蔽。有几个观测卫星——例如太阳和太阳风层观测卫星——就在这个点附近的轨道上保持静止。类似地，点L2对于需要避开太阳光的空间观测很理想，这个位置也布置了几个观测卫星。点L3不稳定，因为金星每隔20个月就会经过附近，它的引力会导致人造卫星脱位。不过还是有很多科幻小说猜测在

这里存在一个"相对的地球"。点L1—L3的存在并不让人惊讶，因为这3个点与两个较大星体共线。点L4和L5是拉格朗日真正的新发现。点L3—L5位于地球的轨道上，并且形成了等边三角形。点L4"领先"地球60度，点L5则"落后"地球60度。在日地系统中，在点L4和L5只有星际尘埃。不过，在太阳-木星系统中，点L4和L5是特洛伊小行星群的质心。第一颗特洛伊小行星在1906年被德国天文学家马克斯·沃夫发现，现今已经发现了超过4000颗特洛伊小行星。

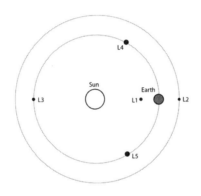

图3.9 平动点

尽管对这些特殊情形有很漂亮的观测结果，解决一般性的三体问题却很难。19世纪末，人们对n体问题的兴趣逐渐高涨，瑞典最著名的数学家哥斯塔·米塔-列夫勒因此建议国王奥斯卡二世为这个问题设立一个奖项。这个奖最终被庞加莱获得，他证明了无穷级数解不适用于三体问题。虽然牛顿方程能建立较短时间内轨道的数值近似——实践中就是这样做的——但庞加莱的研究证明了精确解是不可能的。这项研究是混沌理论的先驱。

洛伦兹吸引子与混沌

气象学家洛伦兹在用数值方法研究大气对流时发现得到的结果让人意外，物理上将这种现象视为薄层状流体在底部被均匀加热在顶部冷却时形成的循环。循环流体呈现出明显的规则模式，称为对流卷。洛伦兹研究的是这种现象的一个简化数学模型，只包含3个变量：对流运动的强度，上升流和下降流的温度差，以及垂直方向温度分布偏离线性的程度，这个值取正数，梯度值最高的地方出现在边界附近。在数学上，这3个量（即 x、y 和 z）随时间变化的函数满足微分方程

$$\frac{\mathrm{d}x}{\mathrm{d}t} = \sigma(y - x),$$
$$\frac{\mathrm{d}y}{\mathrm{d}t} = x(\tau - z) - y,$$
$$\frac{\mathrm{d}z}{\mathrm{d}t} = xy - \beta z,$$

其中 σ、τ 和 β 是物理常数。给定 x、y 和 z 在某个初始时刻的值，这个方程组应当会给出这些变量在未来随时间变化的唯一确定值。

如果一个系统的未来状态由当前状态以及系统的演化规律唯一确定，我们就称之为确定性系统。在动力学中的一个基本问题是确定性系统有怎样的长期行为。洛伦兹发现的结果让人惊讶。

为了熟悉问题背景，我们来思考一下二维情形下类似的数学问题。想象追踪点在平面上的轨道。要求两条不同的轨道不能相交，轨道不能偏离初始点太远。这样的轨道会有怎样的长期行为呢？很容易想到两种可能，点逐渐逼近一个平衡点（保持不动的点）或极限环（过一段时间就重复的环）。1901年被证明的庞加莱－本迪克松定理指出，轨道还有且仅有另一种可能的长期行为：环图，通过轨道相连的一组平衡点。图3.10描绘了这三种极限行为。庞加莱－本迪克松定理在机械学和数学生物学中都有应用。根据轨道不相交得出的这个结论确保了二维系统的行为具有高度结构性。

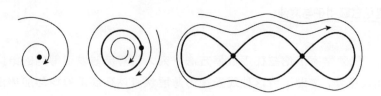

图3.10　逼近平衡点、极限环或环图

现在回到洛伦兹方程，如果给定 x、y、z 的初始值，轨道在三维空间中延伸，这样的轨道会有怎样的长期行为呢？在三维空间中的行为与庞加莱–本迪克松定理限定的那几种可能性类似吗？洛伦兹遇到了非常怪异的极限集。这个复杂的集合现在被称为洛伦兹吸引子（图 3.11），很像圆环，但是细节要丰富得多。邻近区域的点都会被吸进洛伦兹吸引子。这个吸引子本身既包含有序也包含无序，其中有无穷多的圆环，但它们都相互排斥。这个奇怪的集合也包含稠密的轨道，从不重复，但是会无限接近吸引子中的任意点。

为了与庞加莱–本迪克松定理列举的几种平常的可能性进行区分，洛伦兹吸引子这样的集合被称为奇异吸引子。这个怪异的集合是连续系统中混沌的原型。混沌并不罕见，在物理、化学、生物学、电子学和经济学的模型中都有奇异吸引子的出现。

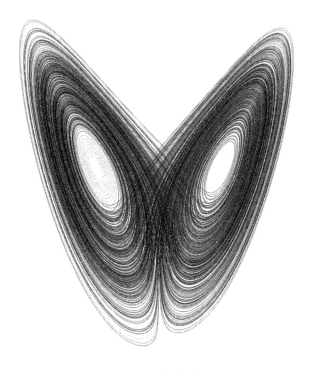

图 3.11　洛伦兹吸引子

周期3意味着混沌

物理学一直以来都是数学主要的受益者，力学、电磁学，几乎所有值得一提的理论都用数学的语言给出了漂亮的表述和解释。20世纪数学被谨慎地应用到了经济学和生物学等领域，事情变得更棘手，因为这些新领域研究的现象显然不遵守牛顿运动定律或麦克斯韦方程组这样严格的"定律"。而且，有时候也观察不到明显的有序现象。

以20世纪的人口增长为例。有许多因素影响出生和死亡率——健康习惯、疾病传播、战争、武器的研发、生育控制、宗教和政府的引导，等——数据记录在短时间段上与马尔萨斯增长理论大致相符。马尔萨斯的理论认为人口增长率正比于当时的人口规模。用P_n表示第n年的人口，马尔萨斯模型为

$$p_{n+1} = rp_n, \tag{3.1}$$

其中常数$r > 1$。常数r可以解释为前后两年的人口比。与复利类似，人口规模的指数增长每年都会加速，考虑到食品、空气、土地之类的资源限制，这种状况显然无法持续。为了修正这个模型的长期表现，数学家在式（3.1）中又增加了一项：

$$p_{n+1} = rp_n - sp_n^2, \tag{3.2}$$

其中常数$s > 0$。如果P_n太大，则$P_{n+1} < P_n$，因此这个新的人口模型具有固有的自我限制性。含有两个参数（r和s）的式（3.2），可以转化为更简单的只含一个参数的方程：

$$x_{n+1} = rx_n(1 - x_n), \tag{3.3}$$

其中r可以是任意正常数。

现在，数学家可以把生物学家推开，研究一下式（3.3）的长期动力学行为。当参数r取不同值时会发生什么？图3.12展示了r取3种值时的动力学，都是从$x_0 = 0.5$开始，若$0 < r < 1$，人口会逐年递减直

至灭绝；若 1 < r < 3，人口会逐渐逼近常数；当 r 稍大于 3，出现了另一个性质变化，人口逼近双周期：在两个不同的值之间交替变化。不过当 1 < r < 3 时逼近常数的现象并没有消失，只不过不再占主导地位。大多数初始值 x_0 会逼近双周期，但特定的 x_0 会逼近常数。在 r 增长越过某个阈值后出现的这个性质称为分叉（具体地说是双周期分叉）。如果继续增大参数 r，双周期分叉会变成 4 周期，然后是 8 周期，不断增多。同样，之前的周期也没有消失，只不过从吸引变成了驱离。当 $r \approx 3.57$ 时，周期倍增达到顶点，我们进入了混沌区域。这里的图形和数学都要复杂得多，要在这个新的区域寻找秩序不是那么容易。因此对于 0 < r < 4 之间的每一个 r，都有一个吸引性周期，其他周期则变成驱离性的。

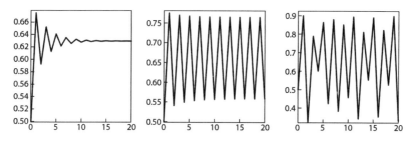

图 3.12　r = 2.7（左）、3.1（中）、3.6（右）时的动力学

　　1975 年，李天岩和詹姆斯·约克在一篇题为"周期 3 意味着混沌"的论文中介绍了这个惊人的数学世界。他们发现，如果存在长度为 3 的周期（无论是吸引性的还是驱离性的），就存在各种长度的周期！3 周期是极度复杂的行为的标志。虽然动力学很疯狂，但还是可以发现很纯净的窗口。例如，$r \approx 3.83$ 时存在吸引性的 3 周期，在混沌的包围中保持着冷静。

星星的图案

　　数学在很大程度上可以被描述为对模式的探寻。人类喜欢秩序，远在文明出现之前，人们就在星星中寻找模式。数学家用拉姆齐理论在大规模的随机数据集中寻找规律。简单地说，这个领域研究的问题是，"需

要存在多少个 X 类的个体才能显现出模式 Y"？

有一个漂亮的结果与整数 3 有关。柏区定理证明平面上由 $3N$ 个点组成的集合可以构造出具有共同内点的 N 个三角形。图 3.13 给出了一个 $N = 4$ 的例子。

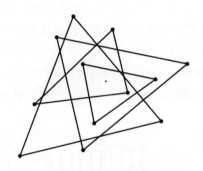

图3.13　用12个点构造出4个有共同内点的三角形

费马大定理

20世纪快结束的时候，一个350年悬而未决的数论问题终于解决了，这个问题就是费马大定理。安德鲁·怀尔斯和他的学生理查德·泰勒给出的证明已经广为人知。数学通常上不了头条，但是每个人都很欣赏这个难题的解决。

我们先来看一个简单的问题。什么样的正整数 a、b 和 c 满足等式 $a^2 + b^2 = c^2$？这是丢番图方程的一个例子，因古希腊数学家丢番图得名，他研究了许多类似的问题。对这个方程，可以用解析的方式写出所有解：

$$a=m^2-n^2, b=2mn, c=m^2+n^2,$$

其中 m 和 n 是任意正整数，并且 a 和 b 可以互换。例如，令 $m = 5$ 和 $n = 2$，得到 $a = 21$，$b = 20$ 和 $c = 29$。1637年，法国数学家费马思考了与丢番图方程类似但有更大指数的问题：

$$a^n + b^n = c^n, \qquad (3.4)$$

其中整数 $n \geqslant 3$。费马认为方程(3.4)不存在正整数解，费马在丢番图的《算术》书的边缘写下了几个数学命题，但没有给出详细的证明。后来的数学家检验了费马的命题，全部都推翻了，但有一个除外，就是这个具有更大指数的问题。欧拉、高斯、狄利克雷等数学大师都曾尝试解决这个问题，但没有取得什么进展。这个问题被人们称为费马大定理。

同许多形式简单但很难解决的数学问题一样，无论是普通人还是专家都能够研究一下费马大定理。为了鼓励解决这个问题，1908年设立了沃尔夫斯凯尔奖，奖金为10万德国马克，许多人都想得到这笔奖金，其后4年里据说出现了1000多个假的证明。虽然许多都是外行的尝试，但也有一些专业数学家因自己发表的"证明"被发现有错误而蒙羞。甚至欧拉和兰姆这样的数学大师也给出了错误的证明（但两人都取得了实实在在的进展，虽然进展不大）。征服费马大定理成为了数学中的王冠。

1984年出现了一个关键性的突破，杰哈德·弗赖指出，如果能够证明谷山-志村猜想，就能够证明费马大定理，谷山猜想是20世纪50年代提出的一个迷人猜想。1986年，两者之间的这种关联被证明，现在只要解决谷山猜想就能够证明费马大定理了。问题是没有人知道怎么证明这个猜想。

知道弗赖关联是对的之后，当时在普林斯顿当教授的英国数学家怀尔斯决定放下其他研究课题，全身心投入对谷山猜想的研究中。这个问题的解决并不是一蹴而就的，在以后的7年时间里，怀尔斯秘密地奋斗于这个问题。之所以要保守秘密，有两个原因，首先，研究这个长期悬而未决的问题很容易被认为是疯子，其次，他也不想被别人抢了先。通常，数学成果都会公开。虽然像IBM或国家安全局这样的政府组织会雇佣数学家做研究，并保护他们的发现，但数学成果一般都会公开发表。怀尔斯想一次性给出最终答案而不是逐步发表进展。

闭门研究多年后，1993年怀尔斯向全世界公布了他的证明，不过在审稿过程中发现了一处似乎无法逾越的错误，在理查德·泰勒的帮助下，怀尔斯绕过了这个错误，1994年修正后的证明最终被接受。怀尔斯和泰勒解释证明的论文有100多页，里面艰深的数学只有少数专家能懂。

虽然这个证明被视为数学大师的杰作，并且影响深远，但还是有一些数学家想知道，"有没有更简单的证明"？目前还没有发现，但100年前有一个有趣的结果与 $n = 3$ 的情形有关，虽然欧拉对这种情形给出的答案更简洁，拉马努金提出的一个有趣定理却为这个问题带来了新的认识。用如下生成函数隐含定义3个序列 $\{a_n\}$、$\{b_n\}$ 和 $\{c_n\}$：

$$\sum_{n=0}^{\infty} a_n x^n = \frac{1+53x+9x^2}{1-82x-82x^2+x^3},$$

$$\sum_{n=0}^{\infty} b_n x^n = \frac{2-26x-12x^2}{1-82x-82x^2+x^3},$$

$$\sum_{n=0}^{\infty} c_n x^n = \frac{2+8x-10x^2}{1-82x-82x^2+x^3},$$

表3.1　　　　　　　　　　拉马努金序列

n	a_n	b_n	c_n
0	1	2	2
1	135	138	172
2	11161	11468	14258
3	926271	951690	1183258
4	76869289	78978818	98196140
5	6379224759	6554290188	8149096378

表 3.1 给出了序列的前几项，拉马努金得到了与这 3 个序列有关的一个漂亮的公式：

$$a_n^3 + b_n^3 = c_n^3 + (-1)^n,$$

其中 $n = 0, 1, 2, \cdots$。这给出了费马方程的无穷多个"近似解"。人们自然也会好奇对更大 n 的费马方程是不是也有类似的近似解。

遗漏了谁吗?

没有人会觉得冰箱里的剩菜好看(或好闻),但数学中的剩余,比如除法的余数,却能带来美妙的思想。

有一个被遗忘在冰箱后面的古老结果 —— 但数论学家经常用到 —— 就是费马小定理(不要与费马大定理混淆)。这个定理说的是如果 p 是素数,a 是不包含因数 p 的整数,则

$$a^{p-1} \equiv 1(\bmod p), \tag{3.5}$$

也就是说 a^{p-1} 除 p 余数为 1,数学上称之为同余关系。这个定理有一个重要的应用是素性测试。给定一个数 p,可以证明如果存在一个数 a 使得关系 (3.5) 不成立,则 p 不是素数。例如,$2^8 \equiv 4 \ (\bmod 9)$,因此 9 不是素数。如果 p 对许多 a 都通过了测试,则 p 称为伪素数。不过也有组合数 p 对所有 a 都满足关系 (3.5),这种 p 值被称为卡麦克数。最小的卡麦克数是 561,1994 年证明了存在无穷多个卡麦克数。

另一个著名的同余关系是威尔逊定理:p 是素数当且仅当 $(p-1)! \equiv -1 \ (\bmod p)$。虽然这个结果刻画了素数,但它对素性测试却没有用,因为要计算 $(p-1)!$。除了幂(费马小定理)和因数(威尔逊定理)的同余关系,还发现了一些关于二项式系数的结果。其中一个经典结果是卢卡斯定理:如果 p 是素数,$0 \leqslant n$ 且 $j < p$,则

$$\binom{pm+n}{pi+j} \equiv \binom{m}{i}\binom{n}{j}(\bmod p)。$$

所有这些同余式都是除以 p,不过也有更强的结果是除以 p^3。例如莫利同余:如果 $p > 3$ 是素数,则

$$(-1)^{(p-1)/2}\binom{p-1}{(p-1)/2}\equiv 4^{p-1}\left(\mathrm{mod}\ p^3\right)。$$

另一个类似的结果是沃尔斯滕霍尔姆定理：如果 $p>3$ 是素数，则

$$\binom{2p-1}{p-1}\equiv 1\left(\mathrm{mod}\ p^3\right)。$$

没发现有组合数 p 满足这个同余式，不知道这个关系是不是也能刻画素数。不要想多了，这个同余关系不能推广到 4 阶幂，素数的立方还不够刺激吗？

埃及分数

古埃及人认为分子为 1 的分数——称为单位分数——要比其他分数更"纯"一些，分子大于 1 的分数有时候被称为庸俗分数。当然，所有庸俗分数 m/n 都可以写为单位分数之和：将 m 项 $1/n$ 相加得到 $1/n+\cdots+1/n=m/n$。古埃及人又增加了一项条件，要求每个单位分数的分母都不同，我们称这种分数为埃及分数。公元前 1650 年左右的《莱因德数学纸草书》上就有形为 $2/n$ 的分数的埃及分数表。

所有分数都可以写成埃及分数。有一个办法是递归使用公式

$$\frac{1}{k}=\frac{1}{k+1}+\frac{1}{k(k+1)}。$$

例如，

$$\frac{2}{7}=\frac{1}{7}+\frac{1}{7}=\frac{1}{7}+\frac{1}{8}+\frac{1}{56},$$

以及

$$\frac{3}{7} = \frac{2}{7} + \frac{1}{7}$$

$$= \left(\frac{1}{7} + \frac{1}{8} + \frac{1}{56}\right) + \left(\frac{1}{8} + \frac{1}{56}\right)$$

$$= \frac{1}{7} + \frac{1}{8} + \frac{1}{56} + \frac{1}{9} + \frac{1}{72} + \frac{1}{57} + \frac{1}{56 \cdot 57}.$$

另一个方法是从开始的分数中减去最大可能的单位分数，对余数反复使用这个方法直到余下的是单位分数。例如：

$$\frac{4}{625} = \frac{1}{157} + \frac{3}{98125}$$

$$= \frac{1}{157} + \frac{1}{32709} + \frac{2}{3209570625}$$

$$= \frac{1}{157} + \frac{1}{32709} + \frac{1}{1604785313}$$

$$+ \frac{1}{5150671800036230625}.$$

注意每一步余数的分子都在减少。这证明了 m/n 可以写为最多 m 项组成的埃及分数。在数学中，这种每一步都跨得尽可能大的方法通常被称为贪婪算法，这种贪婪经常能让人以最少的步数到达目标。虽然方法很容易使用，但有可能产生的项数不是最少的。例如，虽然形为 $4/n$ 的分数可以被写成 4 项不同的单位分数之和，下面的例子却可以以多种方式写成 3 项单位分数之和：

$$\frac{4}{625} = \frac{1}{160} + \frac{1}{6667} + \frac{1}{133340000} = \frac{1}{200} + \frac{1}{715} + \frac{1}{715000}$$

$$= \frac{1}{240} + \frac{1}{448} + \frac{1}{840000} = \frac{1}{250} + \frac{1}{417} + \frac{1}{521250}$$

$$= \frac{1}{375} + \frac{1}{268} + \frac{1}{502500} = \frac{1}{450} + \frac{1}{240} + \frac{1}{90000}$$

$$= \frac{1}{500} + \frac{1}{228} + \frac{1}{71250} = \frac{1}{750} + \frac{1}{198} + \frac{1}{61875}.$$

欧德斯猜想提出所有形为 $4/n$ 的分数都可以写成 3 项不同的单位分数之和。这个猜想在 1948 年提出，至今仍未解决。

在前面的例子中，更小分母的一种选择是

$$\frac{4}{625}=\frac{1}{250}+\frac{1}{500}+\frac{1}{2500},$$

这是利用$4/5 = 1/2 + 1/4 + 1/20$然后每项除以125得到的。这个例子提醒我们，要证明欧德斯猜想，考虑n为素数的分数$4/n$就够了。为了展示有大量的数都符合欧德斯猜想，有人给出了公式，可以将具有特定结构的n构造成3项单位分数之和。例如，如果$n \equiv 2 \pmod 3$，则

$$\frac{4}{n}=\frac{1}{n}+\frac{1}{1+(n-2)/3}+\frac{1}{n\left(1+(n-2)/3\right)}。$$

事实上更多类似的结果表明，如果这个猜想存在反例，则必须满足$n \equiv 1 \pmod{24}$。

阿罗不可能定理

与混沌理论、三体问题、空气动力学的挑战相比，人们可能会认为投票的数学问题比较容易解决，两个候选人竞争一个位置，票数多的赢就行了。很简单，对吗？但如果是3个候选人混战呢？事情很快会变得复杂。例如，假设因为下雨，体育课有3种室内活动可以选择：篮球（B）、躲避球（D）和排球（V）。同学们决定投票，都吵吵嚷嚷的，老师决定给同学们上一课，让大家体会到投票的微妙之处。

老师首先给同学们发一张纸，让大家依序写下自己的偏好。如果某位同学最喜欢篮球，其次是躲避球，最后是排球，他就写B>D>V。表3.2列出了班上同学的偏好。

表3.2	20个人的班级的投票偏好
偏好	数量
B > D > V	4
B > V > D	3
D > B > V	5
D > V > B	0
V > B > D	2
V > D > B	6

在典型的选举中，通常只考虑投票者的第一选择，这称为简单多数投票，根据这个原则，结果是V:8、B:7、D:5，排球赢。不过在你带上护膝之前，让我们仔细看一下投票数据，除了每个人的第一选择，我们还有更多信息。当老师唱票提到某些项目时，一些同学就会起哄，他们似乎是说有两项运动都可以，但是第三个不行。如果我们不是只记第一位，而是给头两位各一分，这种策略称为非简单多数投票，等同于投票反对各人最不喜欢的选项。结果是D：15、B：14、V：11，躲避球胜出。

不过体育老师没有这样做，他认为非简单多数投票有点不公平，因为投票者的第一和第二选择给了相同的值。更公平的办法是给第一选择2分，第二选择1分，第三选择0分，这个策略称为波达计数法，结果是B：21、D：20、V：19，篮球胜出。

我们发现了什么？有3个或更多"选项"，投票者对选项各有偏好时，不同的投票规则会产生不同的结果。有人可能会认为这只是抽象的数学问题，我们来看一下2000年的美国总统选举，小布什和戈尔竞争，另外还有拉尔夫·纳德。每次的联邦选举除了共和、民主两党，还有许多其他党派的候选人参与，共产党、基督自由党、大麻党，等，但是在2000年，绿党的纳德获得了2.7%的普选投票，实力不俗。评

论家认为纳德的支持者主要来自民主党，因此如果不是简单多数投票，戈尔可能会赢。

选举的水比你想象的要浑。在2000年选举的悬空票事件之前，就有人致力于寻找更公平的投票系统。一个惊人的结果是阿罗不可能定理，肯尼斯·阿罗因此获得了1972年的诺贝尔经济学奖。这个定理问的是有没有投票系统能满足一些合理的前提：

没有独裁者：结果不是由某个人的意愿决定。

帕累托最优：如果所有投票者都认为A比B好，结果就应该是A胜过B。

不相干选项的独立性：如果投票者改变A和B以外的其他选项的偏好，应当不影响A和B之间的结果。

阿罗不可能定理证明，如果选项不少于3个，则不存在能同时满足以上所有条件的选举方法。这并不意味着民主的终结，但表明民主过程值得研究。这个领域的学者关心的是某些投票系统是否比其他系统更公平之类的问题。

映射曲面

地球的形状大体上更接近于椭球而不是球。为什么？虽然重力效应倾向于将大的质量块塑造成球体（以减小势能），星球的旋转却会让其沿赤道鼓起。在更小的尺度上，很显然这种球体近似没有抓住耸立的山峰或海底的深谷这样的细节。对地球的表面——或者人的表皮（图3.14）——进行建模需要更多细节。

图3.14　人的三角剖分

　　要近似一个曲面，先要选定曲面上的许多点，然后，用这些点构造三角剖分。三角剖分用线段将这些点连接到一起，这样曲面就可以用一组三角形近似。所有曲面都可以三角剖分，而且有多种剖分方式。为了构造漂亮的网格，有一种被广泛应用的方法是德洛奈三角剖分。这种方法能将任意三角形中的最小角最大化，从而避免太瘦的三角形。虽然三角剖分能精确近似曲面，但边和转角还是太突兀，为了改进这个问题，可以用函数近似三角形，让它可以平滑连接相邻的三角形，这种平滑函数 —— 称为样条函数 —— 通常是三次多项式。人们对映射曲面的方法做了大量研究，结果足以证明这些方法的成功。

美术馆保安

　　由于预算削减，一个城市的美术馆不得不减少保安的数量，假设值班的保安固定不动，而美术馆的各部分都必须在某个保安的视线范围之内，要全面守护美术馆，最少需要多少名保安呢？当然，这取

决于美术馆的布局。如果是简单的矩形，显然只需要一名保安就够了。如果是有 n 条边的多边形呢？

很容易构造出 $n = 3k$ 并且需要 k 名保安的例子。以一条长廊为基础构造 k 条细长的死胡同分支就行，图3.15给出了一个 $k = 5$ 的例子。这种构造被称为赫瓦塔尔梳子。

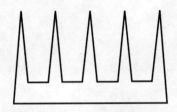

图3.15　这个有15面墙的美术馆需要5名保安

惊人之处在于，美术馆定理证明这就是最差的情形，也就是说，对于有 n 面墙的美术馆，必需的保安数量不超过 $\lfloor n/3 \rfloor$。史蒂夫·菲斯克在1978年给出了一个简洁漂亮的证明。首先进行三角剖分，即在多边形的点之间添加额外的边，让分割出的各部分都是三角形（图3.16）。然后用三种颜色对各点进行着色，让每个三角形都用到每种颜色各一次，这样的着色一定可以做到。最后，找出用得最少的颜色，在这种颜色的点上布设保安，现在每个三角形都有一名保安，从而整个美术馆都得到了守卫。

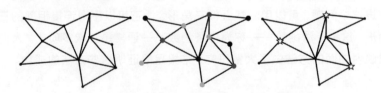

图3.16　三角剖分（左）、着色（中）和选定保安方位（右）

庞加莱猜想

想象一只蚂蚁在油桶的表面爬行。虽然顶部是平的，侧面是弯曲的，但蚂蚁只能感觉到这个很大的面上附近的点，因此对蚂蚁来说油桶表面的每一部分都是平的。表面的"弯曲"——数学家称为弧度——无关紧要，蚂蚁只感觉到平滑的表面。不要嘲笑蚂蚁的无知，事实上，我们也只是在不久前才认识到地球不是平的。这种看似平坦的表面有一个正式的名称：2维流形。

让我们关注特定的2维流形。首先，假设曲面是封闭的，也就是说没有边缘。例如，圆盘有边缘，椭球则没有边缘。其次，假设曲面是单连通的。描述这个特性的一种方式是曲面上的任意环路都能连续变形——保持在曲面上——并收缩为一点。球面就是单连通，但甜甜圈不是（图3.17），图中标出的两个环都无法收缩成一个点。

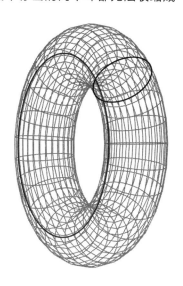

图3.17　圆环面上无法收缩的环

现在可以给出热身的定理：任何单连通封闭的2维流形都是球面。"是"的意思是我们可以将曲面变形——可以拉伸，不能撕裂——为标准球面。换句话说，没有边缘并且任意环路都能收缩成一个点的曲面都是球面的拉伸变形。事实上，有一个定理就是对所有封闭2维流形进行分类，但我们不要偏离主题。封闭2维流形分类的一般性结论可以追溯到19世纪60年代。

20世纪初，庞加莱开始思考一个更难的问题，他对维度更高的3维流形产生了兴趣。这很难描绘，但类似于蚂蚁感觉曲面的每部分都是2维的，3维流形的局部可以认为是3维的。2维球面可以用代数描述为 $x^2 + y^2 + z^2 = 1$，3维球体 $x^2 + y^2 + z^2 + w^2 = 1$ ——我们用 x、y、z 和 w 表示4维空间的轴 ——就是最简单的3维流形的例子。庞加莱想知道是否任何单连通封闭的3维流形都是3维球体，他回答不了这个问题。

数学家如果回答不了某个问题，有时候他们会转向更具一般性的问题，希望能从中获得灵感，这个策略启发了广义庞加莱猜想，针对的是 n 维流形，其中 $n \geqslant 3$。1961年斯蒂芬·斯梅尔证明了 $n \geqslant 5$ 的情形，1982年迈克尔·弗里德曼证明了 $n = 4$ 的情形，只有庞加莱最初的 $n = 3$ 情形一直没有解决。2002年和2003年，俄国数学家格里高利·佩雷尔曼在互联网上贴出了3篇文章证明了庞加莱猜想，《科学》期刊将庞加莱猜想的证明列入2006年的年度突破。

佩雷尔曼的证明以及随后的戏剧性事件备受关注。首先，他的证明不是发表在同行评议的期刊上，而是挂在直接接收科学论文的网站上，没有专家检验，也就没有对他的研究的公开认可。另外，佩雷尔曼被授予2006年的菲尔兹奖 ——相当于数学界的诺贝尔奖 ——但他拒绝了，他不想因领奖引起太多关注。佩雷尔曼认为发明了他在证明中使用的那些数学工具的人同样值得获奖。不过还有另一个悬念，庞加莱猜想是克雷数学研究所给出的7个千禧年大奖难题之一。2010年，人们毫不意外地再次听说佩雷尔曼拒绝了这个荣誉（和奖金）。

蒙赫三环定理

有很多几何定理都涉及3个形状，或3者共线之类的。蒙赫三环定理就是其中之一：给定平面上3个半径不同并且不相交的圆，3个圆两两之间共同的切线的交点共线（图3.18）。

　　这个定理值得关注，因为这个针对 2 维情形的结论有一个很有意思的 3 维证明，有时候鸟瞰视角能带来新的认识。将每个圆用半径和中心点相同的球体替代。我们可以将原来的平面视为水面，3 个球半浮在水面上。对每一对球体，构造与两球相切的圆锥。圆锥的顶点必定在通过两球中心的直线上，因此必定也在平面上。下面是真正的诀窍所在，想象另一个位于所有球体顶部的平面，这个新的平面必定通过各个圆锥的顶点，由于这个新的平面会与原来的平面相交于一条直线，因此那 3 个点必定共线。

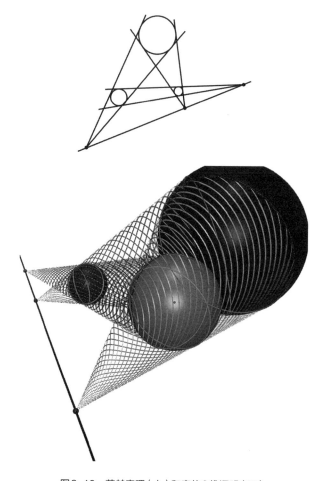

图 3.18　蒙赫定理（上）和它的 3 维证明（下）

马登定理

如果两个人相遇，其中一个人说，"我是数学家"，得到的回应往往不难预料。经过短暂的错愕后，另一个人通常会说，"我的数学一点也不好"。数学家会奇怪同一个人遇到医生时为什么不说，"我对生物学一点也不在行"。数学家还经常遇到另一种回应，"所有的数学不是都已经知道了吗"？每年会发布数千篇数学期刊论文，不断证明新的定理，当然它们都是高度专业化的内容，要想向普通人解释这些几乎是不可能的。不过偶尔还是有一些新的结果既漂亮又相对容易解释，马登定理就是这样一颗宝石，莫里斯·马登1945年在一篇论文中提到了这个结果，但是将其归于乔戈·希贝克81年前的发现。

在叙述马登定理之前，让我们先了解一下背景。多项式的零点与其导数的零点有何关联？函数$f(x) = (x-1)(x-2)(x-3)$有零点$x = 1$、2、3，而当$x = 2 \pm 1/\sqrt{3}$时，$f'(x) = 0$，这两个点大约是2.58和1.42。注意到f'的这两个根位于f的两个根1和3之间。现在将函数平移10个单位，$f(x) = (x-1)(x-2)(x-3) + 10$。这个新函数只有一个实数根，$x \approx -0.31$，但由于$f'$没有变化，因此根也不变，因此$f'$的根没有位于$f$的根之间。是这样吗？让我们考虑$f$所有的根，而不仅仅是实数根。$f$的$3$个复数根约为$-0.31$和$3.15 \pm 1.73i$。$f'$的根$x = 2 \pm 1/\sqrt{3}$位于$f$的根围成的三角形之间（图$3.19$）。

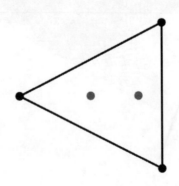

图3.19 f的根围绕着f'的根

　　这并非巧合，所有3次多项式 f 都刚好有3个复根，f' 则有两个复根。f' 的两个根总是位于 f 的根围成的三角形中间，这是高斯-卢卡斯定理的特例，这个定理说的是对任意多项式 f，f' 的根都位于 f 的根围成的凸多边形中间。什么是一个集合的凸多边形？如果连接集合中任意两点的线段也完全位于集合中，则称这个集合是凸的。集合 S 的凸多边形是包含 S 的最小凸集，可以将这个凸多边形想象成用橡皮筋围绕集合的点形成的图形，环绕点的集合构成了 S 的凸多边形。

　　那马登定理又是什么呢？让我们回到3次多项式 f 的情形。我们知道 f' 的根位于以 f 的根为顶点的三角形中间（排除根共线的情形）。在三角形中构造与3条边中点相切的唯一椭圆（图3.20）。马登定理证明 f' 的两个根就是这个椭圆的焦点！这个出人意料的结果不需要高深的数学知识就能证明，但也没有简单到数学家可以轻而易举地搞定。2008年有一篇关于马登定理的文章标题是"最了不起的数学定理"。虽然大部分数学家不会同意这么强烈的语气，但毫无疑问这是一个漂亮的结果。仅仅是根被深入研究数百年后这个定理才被发现就够惊人的了。最后还有一个彩蛋，f'' 的唯一根位于椭圆的中心。

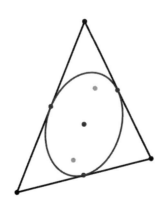

图3.20　马登定理

勒洛三角形

　　为什么下水道井盖是圆的？自从轮子发明以来，圆盘形就无处不在，但井盖似乎没有什么必要用圆形。井盖也可以是方形，而且也容易制造些。问题是一旦方形井盖被揭开——通常超过50千克重——就很容易掉进洞里去。为了避免掉下去，井盖各个角度的宽度应该设计成一样的，显然圆具有这种特性，因为最大宽度就是圆的直径。各个角度具有相同宽度的形状被称为定宽曲线，最简单的非圆定宽曲线是勒洛三角形（图3.21）。这种曲线以德国工程师弗朗兹·勒洛命名，是由3段圆弧组成的，勒洛三角形的每个"角"都对应圆弧的圆心。巴比埃定理证明等宽曲线的周长等于宽度乘以π。这个面积没有类似的属性。布拉施克–勒贝格定理证明勒洛三角形在具有相同半径的所有等宽曲线中面积最小。

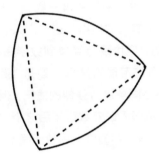

图3.21　勒洛三角形

　　勒洛三角形有一个机械特性是可以用来钻接近方形的洞。截面为勒洛三角形的钻头当然无法用于标准钻孔，要钻出方形的洞，钻头旋转的同时钻轴也必须沿圆周移动，为了完成这个任务需要特制的钻头夹具。在机械领域，勒洛三角形有时候容易与凡克尔发动机的转子相混淆。

　　在日常文化中，勒洛三角形被用于标志物，等宽曲线则常被用作一些硬币的形状。英国的20便士和50便士硬币就是有7条"边"的等宽曲线，这种设计是为了便于自动售货机识别。加拿大一元硬币——常被叫做"Loonie"，因为上面印了潜鸟（loon）——和美国的苏珊·安东尼1美元纪念币都是有11条"边"的等宽曲线。图3.22展示了其中3种硬币。

图3.22 等宽硬币：英国50便士（上）、加拿大元（中）和
美国苏珊·安东尼1美元纪念币（下）

  等宽曲线可以是平滑的，也可以具有任意多个角。如果这样的曲
线有角，类似勒洛三角形，则可以通过围着曲线滚动一个圆并沿着路
径的外沿得到更平滑的曲线。等宽曲线通常都没有紧凑的解析表达式，
但方程

$$(x^2+y^2)^4 - 45(x^2+y^2)^3 - 41283(x^2+y^2)^2 + 7950960(x^2+y^2)$$

$$+16(x^2-3y^2)^3 + 48(x^2+y^2)(x^2-3y^2)^2$$

$$+(x^2-3y^2)x\left[16(x^2+y^2)^2 - 5544(x^2+y^2) + 266382\right] = 720^3$$

表示一条等宽曲线。

回到井盖的例子，圆形相对于其他等宽曲线仍然具有优势，因为更容易制造，放置的时候也不需要旋转。井盖为什么是圆的的问题在微软的工作面试中很流行。

第三个驻点

对于害怕坐过山车的人，最艰难的部分可能是将要通过第一个高点的时候，因为下坠迫在眉睫。在两个高峰之间肯定有个低谷，单变量连续函数具有这个特性。如果函数有两个局部最大值——函数值不小于任意邻近点的位置——则在两点之间必有一个局部最小值。

两变量函数的类似问题更难。如果连续函数具有两个局部最大值——可以想象成山峰，不仅仅是过山车的侧影——在它们之间必然有局部最小值吗？这个问题问得其实不对，对两变量函数，最大和最小点不是仅有的典型驻点，学微积分的学生知道鞍点也很常见。想一想马鞍的"中心"，从腿放下去的一侧看，中点似乎是最大值，而从前往后看，中点则是最小值。鞍点也可以形象化为可叠放的薯片。

函数 $f(x, y) = -(x^2-1)(x^2-2)-y^2$ 有两个局部最大点和一个鞍点（图3.23）。你可以将其描绘为两个山峰和穿过它们的一条山脉。要从山脉的一侧爬到另一侧同时高度尽可能的低，可以穿过鞍点，也是路径的最高点。另一方面，要从一个山峰走到另一个山峰同时高度尽可能的高，也会穿过鞍点，这时鞍点是路径的最低点。

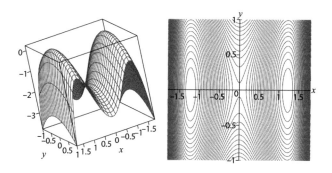

图3.23　$f(x,y) = -\left(x^2-1\right)\left(x^2-2\right)-y^2$ 的曲面和等值线

我们回到三种驻点的问题，正确的问题是有两个局部最大值的函数是否可以没有其他驻点。让人吃惊的是，存在这样的函数，一个例子是

$$f\left(x,y\right) = -\left(x^2-1\right)^2 - \left(x^2y-x-1\right)^2,$$

两个局部最大点位于（1，2）和（-1，0），如图3.24所示。由于对于所有点(x, y)，函数$f(x, y) \leqslant 0$——你知道为什么吗？——并且f在这两个点等于0，因此它们必定是局部最大点，不存在其他点让函数具有水平切平面。在远离原点的位置，切平面几乎是平的，但并不完全是平的。因此，我们说函数"在无穷大处具有驻点"。这可以进一步探索，但你想尝试比过山车更狂野的东西吗？

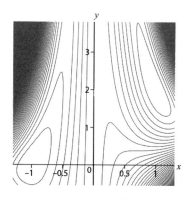

图3.24　$f(x, y) = -(x^2-1)^2 -(x^2y-x-1)^2$ 的等高线

立方和

一个经典公式展示了前 n 个立方和具有一个漂亮的形式：

$$1^3+2^3+\cdots+n^3 = \left(1+2+\cdots+n\right)^2 。 \qquad (3.6)$$

更有趣的是公式（3.6）可以推广。设 $\tau(n)$ 为 n 的因数数量，例如 $\tau(45) = 6$，因为 45 的因数为 $\{1, 3, 5, 9, 15, 45\}$。更迷人的等式是

$$\sum_{d\mid n}\tau^3\left(d\right) = \left(\sum_{d\mid n}\tau\left(d\right)\right)^2 , \qquad (3.7)$$

其中求和是针对 n 的所有因数 d。我们再用 $n = 45$ 检验一下。表 3.3 列出了 d 的因数数量，其中 d 本身又是 n 的因数。

表 3.3　　　　　　　　　45 的因数

d	d的因数	$\tau(d)$
1	$\{1\}$	1
3	$\{1,3\}$	2
5	$\{1,5\}$	2
9	$\{1,3,9\}$	3
15	$\{1,3,5,15\}$	4
45	$\{1,3,5,9,15,45\}$	6

因此

$$\sum_{d|45} \tau^3(d) = \tau^3(1) + \tau^3(3) + \tau^3(5) + \tau^3(9) + \tau^3(15) + \tau^3(45)$$

$$= 1^3 + 2^3 + 2^3 + 3^3 + 4^3 + 6^3$$

$$= 324$$

$$= (1 + 2 + 2 + 3 + 4 + 6)^2$$

$$= (\tau(1) + \tau(3) + \tau(5) + \tau(9) + \tau(15) + \tau(45))^2$$

$$= \left(\sum_{d|45} \tau(d)\right)^2 .$$

令式（3.7）中的 $n = 2^m$，则等式简化为式（3.6）。

逼近衰减

用于表示迅速减少的"指数衰减"一词具有精确的数学含义，经常是表示人口数量，意思是衰减速度正比于当前人口数量。用 $p(t)$ 表示时间 t 的人口数量，这个意思可以量化为含有比例常数 K 的微分方程 $p'(t) = Kp(t)$。常数 K 为负值（如果为正值，就称为指数增长）。满足这个方程的函数的形式为 $p(t) = p_0 e^{Kt}$，其中 p_0 是 $t = 0$ 的人口数量。这个方程也用于对放射性衰变建模。

微积分成绩好的学生都知道，指数衰减最终会比任何有理函数衰减得更快。我们如何才能用有理函数尽量逼近区间 $[0, \infty)$ 上的指数函数 e^{-x} 呢？用 R_n 表示所有阶最高为 n 的多项式的倒数的有理函数集合，对任意这样的有理函数 $f(x)$，可以求出 $f(x)$ 和 e^{-x} 的最大差值。现在对所有可能的有理函数，这个最大差值可以保持多小？这个可以用函数 $\lambda_n = \inf_{f \in R_m} \sup_{x \geq 0} |e^{-x} - f(x)|$ 量化。随着 n 越大，我们拥有的有理函数也越多，因此 λ_n 的值将减小。一个有意思的结果与 3 联系到了一起：

$$\lim_{n \to \infty} \lambda_n^{1/n} = \frac{1}{3} .$$

第4章

整数4

世界上只有4个人知道披头士是什么。

——保罗·麦卡特尼

其实我们就是一个人。我们只不过是这个人的四个部分。

——保罗·麦卡特尼

整数4意味着平衡：桥牌游戏有4个玩家，成对约会有4个人，桌子有4条腿。我们将看到在许多场景中，这个数都提供了完美的平衡，无论是4种颜色，4个旅行者，还是4个墙角。因此无论你是躺在四柱床上还是坐在惬意的四合院里，请享受整数4吧。

四色定理

地图对人们有一种美的吸引力，它将大量信息以直观的方式呈现出来。为了区分相邻区域，可以用不同颜色进行填充，给每个区域画不同的颜色，但是如果区域很多，对很多的颜色进行区分就会变得困难。

这引出了一个问题："给地图着色，要让相邻区域都有不同的颜色，最少需要多少种颜色？"如果两个区域只有一个点挨在一起 —— 就像亚利桑那州和科罗拉多州 —— 它们可以用相同的颜色。稍作尝试就能发现有一些图至少需要4种颜色。图4.1给出了一个需要4种颜色的情形。

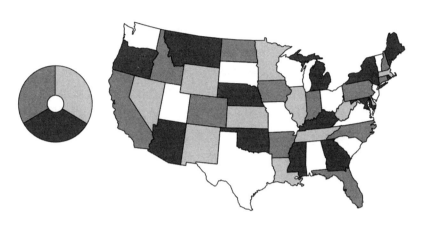

图4.1　有时候需要4种颜色，而且4种就够了

　　四色问题认为4种颜色对任何地图都够用了。这个论断最初是由古德里在1852年提出的。杰出数学家德摩根促进了这个问题的传播。这个问题的历史以及它的最终解决同样多姿多彩而且富有争议。肯普为最终的证明贡献了一些最初的思想，肯普在1879年认为自己已经证明了整个定理，但是在1890年，肯普发表的证明被发现有错误。在科学成果中的错误有各种原因（实验误差、统计分析错误、数据被损坏，等），但数学家出错通常只能怪自己。数学论断是基于逻辑，不会受主观或技术因素影响。

　　在肯普的证明中发现错误的是培西·希伍德，他所做的不仅仅是发现错误，他还发现肯普的证明修改之后可以证明任意地图最多需要5种颜色。既然发现了只需5种颜色的证明，人们难免会期待发现只需4种颜色的证明也不会太久。然而，这个证明的出现还需要等待几十年，而且证明的方式也出人意料。

　　1976年，凯尼斯·阿佩尔和沃夫冈·哈肯宣称他们证明了四色定理。之所以说"宣称"是因为当时 —— 甚至现在 —— 许多数学家都不承认这个证明。为什么呢？阿佩尔和哈肯将对这个定理的证明分解成了对1936种特殊情形的检验（后来缩减为1482种），然后他们用计算机检验了每种情形。如果写出所有细节，将会有几百页，1万多张图。

为什么一些数学家不喜欢这个证明呢？因为他们打心底里不信任计算机。数学家认为自己与其他领域的学者的区别在于论证逻辑的滴水不漏。逻辑不受实验观测、专家看法和大众意见的影响，逻辑论证可以永存。数学家的许多精力都用于确保证明的准确无误，将证明的一部分交付给机器的想法让人不齿，对于纯粹主义者尤其是这样。虽然阿佩尔和哈肯解释了他们证明的结构，即为什么检查有限数量的情形就够了，也解释了计算机是如何检查的（任何人都可以复现），许多数学家仍然觉得这有点糊弄人。除了对计算机的怀疑，也有一种期待，认为陈述简单的猜想也应当有同样简洁的证明。当然，谁都会欢迎更简洁传统的证明，但这个干净利落的证明也许根本不存在，我们可能不得不接受对一个简单优雅问题的冗长证明。

证明4色够用和5色够用的难度的巨大鸿沟也反映在着色算法中。对一个具体的地图，知道4种颜色够用是一回事，找到着色方案又是另一回事。1996年，用5种颜色着色的算法被设计出来，这个算法的计算复杂度正比于区域的数量。而用4种颜色着色的算法复杂度则正比于区域数量的平方，计算量要大得多。

网球定理

你有没有注意过标准网球的有趣样式？球缝将球分成了两块相同的哑铃形状，棒球也有同样的样式（图4.2）。如果你沿着球缝滑动手指，在4个点上手指的滑动会从"向左弯"变成"向右弯"，或者反过来。这不是巧合。这些既不向左也不向右的特殊点称为拐点。网球定理证明，如果一条平滑闭合的曲线将球面分成两块面积相等的区域，则曲线上至少有4个拐点。如果沿赤道将球面对分，则曲线上的每个点都是拐点。请注意如果将等面积的条件去掉，则定理可能不成立。例如，如果曲线是北回归线，则曲线总会朝一个方向弯曲，从而没有拐点。

图4.2　网球和棒球

平方和恒等式

如果 n 是正整数，加起来等于 n 的最少平方数是什么？如果 n 是素数，有时候只需要两个平方项。费马二平方数定理给出了一个漂亮的结果：如果 p 是素数并且 $p \equiv 1 \pmod 4$，则存在整数 x 和 y 使得 $p = x^2 + y^2$。例如 $13 = 2^2 + 3^2$，$41 = 4^2 + 5^2$，$137 = 4^2 + 11^2$。

费马二平方数定理很容易推广：如果 n 的素因数都等于 $1 \pmod 4$，则 n 是二平方数之和。为什么？设 n 是素数乘积，$n = p_1 p_2 \cdot \cdots \cdot p_k$，其中每个素因数都等于 $1 \pmod 4$。则所有这些素数都可以写成二平方数之和。利用斐波那契 – 婆罗摩笈多公式，即

$$\left(a_1^2 + a_2^2\right)\left(b_1^2 + b_2^2\right) = \left(a_1 b_1 + a_2 b_2\right)^2 + \left(a_1 b_2 - a_2 b_1\right)^2,$$

乘积 $p_1 p_2$ 也是二平方数之和，将结果乘以 p_3 仍然是二平方数之和。这个过程可以不断重复直到得到 n 为二平方数之和。

当然，许多数（无论是否素数）都无法写成二平方数之和。7 就需要 4 个平方数：$7 = 2^2 + 1^2 + 1^2 + 1^2$。是不是所有正整数都可以写成 4 个平方数之和？是的！这就是拉格朗日四平方数定理。一个类似斐波那契 – 婆罗摩笈多公式的重要工具是欧拉四平方和恒等式：

$$\left(a_1^2 + a_2^2 + a_3^2 + a_4^2\right)\left(b_1^2 + b_2^2 + b_3^2 + b_4^2\right)$$
$$= \left(a_1b_1 - a_2b_2 - a_3b_3 - a_4b_4\right)^2 + \left(a_1b_2 + a_2b_1 + a_3b_4 - a_4b_3\right)^2$$
$$+ \left(a_1b_3 - a_2b_4 + a_3b_1 + a_4b_2\right)^2 + \left(a_1b_4 + a_2b_3 - a_3b_2 - a_4b_1\right)^2 。$$

有一个类似费马二平方数定理的结果证明所有素数都能写成四平方数之和，再利用欧拉恒等式，就可以得出拉格朗日定理。

四块重排

1907年亨利·杜德耐给出了一个有趣的难题，问的是如何将一个等边三角形分成4块重新排列成正方形（图4.3）。杜德耐的难题是一个更广义的有趣数学结果的特例。华勒斯－波埃伊－格维定理证明任意两个等面积多边形都是等可分解的，也就是说其中一个多边形可以分解成有限多块，然后重排成另外那个多边形。

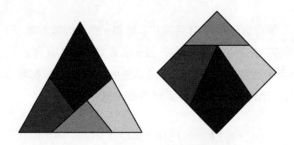

图4.3　将等边三角形变成正方形

这个惊人定理的证明可以分成几步。首先注意到，如果任意多边形都能分解后重排成等面积的正方形，我们就成功了。要实现这一点，先将多边形剪成三角形，然后将所有三角形都剪成两个直角三角形。现在开始重构，将每个直角三角形剪一刀，让剪出的两片可以组成矩形。最难的一步是证明矩形可以分解重构成任意等面积的矩形。然后就可以把适当大小的矩形排在一起形成正方形。

虽然这个证明给出了将一个多边形变成等面积的另一个多边形的

算法，但产生的碎块数量可能会很多，这也是为什么杜德耐难题很神奇：4块就够了。

不过，在作出关于等可分解的论断时必须小心。图4.4将一个正方形分解成4块然后重排成了一个矩形，对比面积我们发现64 = 65。你知道为什么吗？答案在第10章。

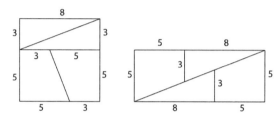

图4.4　图中有什么错误

杜奇序列

我们来玩个游戏。从4个数开始，比如(2，5，7，13)，依次取前后两个数之差的绝对值——想象成"回绕"，这样2和13就相邻——形成新的数：(3，2，6，11)。重复这个过程得到

$$
\begin{aligned}
&(3,2,6,11) \rightarrow (1,4,5,8) \rightarrow (3,1,3,7) \rightarrow (2,2,4,4) \\
&\rightarrow (0,2,0,2) \rightarrow (2,2,2,2) \rightarrow (0,0,0,0)。
\end{aligned}
\tag{4.1}
$$

当然(0, 0, 0, 0)迭代回自身。对这个过程有一个漂亮的收敛性定理：如果从任意4个数开始，得到的序列在有限次迭代后都会到达(0, 0, 0, 0)。这个现象的发现被归功于杜奇，因此研究这个过程（及其变体）的大部分论文都称之为杜奇序列。

最早发现这个序列的是1937年意大利一篇鲜为人知的论文。由于读到这篇论文的人很少，因此杜奇序列的收敛性定理又被重新发现和证明了好几次。为什么被发现这么多次？首先因为它简单，小孩都能玩。其次，即便你相信其他人已经发现了这个过程，你又如何能找到

呢？虽然有许多搜索数学文献的工具，要找一个没名字或者性质复杂的思想还是很困难。因此在杜奇序列变得知名之前，它们注定会被反复发现多次。

读者可能会注意到杜奇序列与上一章介绍的 $3x + 1$ 有些类似。英国数学家布莱恩·史威兹——你可能记得他声称提出了 $3x + 1$ 问题——对这两个问题写了一篇短文，"两个猜想，或如何赢得1100元"。他不知道杜奇问题很久前就被解决了，为这个问题提供了100美元奖金，看上去更难的 $3x + 1$ 则附带了1000英镑的奖金。这就好像将金鱼扔进了食人鱼水箱，第一份奖金很快被抢走，当然，第二份奖金一直留到了今天。揭示这两个问题的区别的一个现象是迭代过程中大小的变化。对于杜奇序列，4元组中最大的数不会变得很大（通常是变小）。在例（4.1）中，最大值是

$$13 \rightarrow 11 \rightarrow 8 \rightarrow 7 \rightarrow 4 \rightarrow 2 \rightarrow 2 \rightarrow 0。$$

与之对比，$3x + 1$ 问题中的迭代可能会冲破天际，也可能跌到谷底，没有明显的模式使得 $3x + 1$ 问题困难得多。

将杜奇过程应用于3元组不会得到同样的结果。例如，

$$(0,1,1) \rightarrow (1,0,1) \rightarrow (1,1,0) \rightarrow (0,1,1)。 \tag{4.2}$$

这个过程进入了循环，永远到不了 $(0，0，0)$。项的数量也能告诉我们关于长期动力学行为的信息吗？一个更广义的定理证明如果项的数量是2的幂，则任何初始序列在有限步迭代后最终都会到达全零。如果项的数量不是2的幂，则必然存在像例（4.2）这样循环的初始数集。

虽然从4个数开始的杜奇序列会到达全零，但迭代步数并没有上限。例如，用前3项之和作为下一项的斐波那契序列定义为

$$t_n = t_{n-1} + t_{n-2} + t_{n-3},$$
$$t_0 = 1, t_1 = 1, t_2 = 2,$$

这个序列的前几项为 1、1、2、4、7、13、24、44、81、149、274。对 $(t_n,\ t_{n-1},\ t_{n-2},\ t_{n-3})$ 应用杜奇过程，会揭示出一个美丽的结构：3 次迭代会得到一个移位版的 $2 \cdot (t_{n-2},\ t_{n-3},\ t_{n-4},\ t_{n-5})$。例如，从 $(t_{104},\ t_{103},\ t_{102},\ t_{101})$ 开始，150 次迭代后得到移位版的 $2^{50}(t_4,\ t_3,\ t_2,\ t_1)$，再迭代 6 次就能得到 $(0,\ 0,\ 0,\ 0)$。通过选取更大的 n，我们可以让到达 $(0,\ 0,\ 0,\ 0)$ 的迭代次数想要多大就多大。

如果我们不限于整数，还会发生奇怪的事情。常规的斐波那契数列前后两项之比会无限趋近黄金比例，3 项和的斐波那契数列的前后两项之比会趋近无理数 $q \approx 1.839$，方程 $q^3 - q^2 - q - 1 = 0$ 的解。这意味着通过选择很大的 n，$(t_n,\ t_{n-1},\ t_{n-2},\ t_{n-3})$ 会接近缩放版的 $(q^3,\ q^2,\ q,\ 1)$。这个无理数 4 元组以一种有趣的方式迭代：

$$
\begin{aligned}
\left(q^3, q^2, q, 1\right) &\rightarrow (q-1) \cdot \left(q^2, q, 1, q^3\right) \\
&\rightarrow (q-1)^2 \cdot \left(q, 1, q^3, q^2\right) \\
&\rightarrow (q-1)^3 \cdot \left(1, q^3, q^2, q\right) \\
&\rightarrow (q-1)^4 \cdot \left(q^3, q^2, q, 1\right).
\end{aligned}
$$

也就是说，$(q^3,\ q^2,\ q,\ 1)$ 会得到自己的缩放版！由于缩放因子 $(q - 1)^4$ 小于 1，因此这样的迭代也会趋近全零，但需要无穷多次迭代。

欧拉猜想

欧拉证明了费马大定理的 3 次幂情形，即 $x^3 + y^3 = z^3$ 没有正整数解。另外欧拉也给出了类似的猜想，如果 $n < k$，方程

$$
a_1^k + a_2^k + \cdots + a_n^k = b^k
$$

没有正整数解。欧拉猜想包含了两个更早的结果，因为 $k = 3$ 就是费马大定理的 3 次幂情形，$n = 2$ 时就是费马大定理。

欧拉猜想悬置了几个世纪，同费马大定理一样，也被认为是太难

攀登的一座高峰。它是一个典型的很容易描述但却似乎缺乏解决工具的问题。让人吃惊的是，1966年兰德尔和帕金发现了一个 $k = 5$ 的反例。利用计算机暴力搜索，他们发现

$$27^5 + 84^5 + 110^5 + 133^5 = 144^5,$$

2004年，又有一个反例

$$85282^5 + 28969^5 + 3183^5 + 55^5 = 85359^5$$

被吉姆·弗莱伊发现。

发现 $k = 5$ 的解后，一个自然的问题是 $k = 4$ 是否存在反例。1986年，诺姆·艾尔基斯利用现代数论研究的一个工具——椭圆曲线——发现了一个反例：

$$2682440^4 + 15365639^4 + 18796760^4 = 20615673^4。$$

事实上，艾尔基斯的方法能得到无穷多组解。艾尔基斯20岁就作出了这项发现，这个再加上其他一些成果奠定了他作为同代人中最杰出数学家之一的地位。他还擅长钢琴和作曲，且棋艺精湛。26岁时他成为了哈佛大学最年轻的终身教授（图4.5）。

有趣的是，唐·扎格尔，一位已经成名的数学明星，当时也在独立研究相同的问题。同艾尔基斯一样，扎格尔也是很年轻就获得了博士学位。他在数论领域作出了开创性的贡献，并且同时在德国波恩的马普数学研究所和巴黎的法兰西学院任职。扎格尔还是一位语言天才，擅长多种语言，包括英语、德语、法语、荷兰语、意大利语和俄语。

回到 $k = 4$ 的欧拉猜想。扎格尔的研究始自1986年在伯克利与一位同行的聊天，聊天让扎格尔萌发了新的思路。在通过这种新思路取得一些进展后，扎格尔到莫斯科去住了两个月。他当时需要一台计算机，但他用计算机的想法在政治还在解冻的苏联没法实现。仅仅依靠一台口袋计算器——当时没法携带更强力的工具——他无法完成必

需的计算。不过他并没有担心，因为他很快就会回波恩，这个猜想已经悬置两百多年了，没有人会抢他的先。

图4.5　诺姆·艾尔基斯（左）和唐·扎格尔（右）

　　他错了，扎格尔一回来，一位同事就兴奋地告诉他欧拉猜想在几天前已经被一位年轻的美国人诺姆·艾尔基斯解决了。扎格尔冲向计算机，不一会儿就找到了一个解。因此欧拉提出的这个问题在悬置两个多世纪后被两个人（图4.5）在前后几天里同时解决。

维拉索圆

　　在第3章我们看到了环形曲面上的圆，圆族可以以两种方式完全覆盖环面（图4.6）。另一种观察方式是注意到环面上的每个点都有两个完全位于曲面上的圆通过。贪心的我们会问："还有没有更多位于环面上的圆通过某个给定的点？"让人吃惊的是，答案是有，每个点还有两个圆通过，这些圆称为维拉索圆。要构造这种圆，首先构造一个穿过给定点和环面中心点的垂直平面。然后倾斜平面，同时保持穿过这两个点，直到在另一个点与环面相切，这时平面与环面的交线就是一个圆（图4.7）。有两个倾斜角可以产生这种效果，从而可以形成两个圆。因此环面上每个点都有4个完全位于环面上的圆穿过。

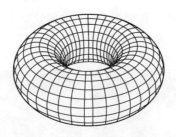

图4.6 环面以及两种圆覆盖

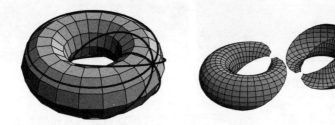

图4.7 维拉索圆

内接正方形问题

这个命题的表述很简单: 在任意简单的闭合曲线上, 存在可以组成正方形的4个点。图4.8给出了一个例子。

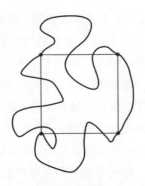

图4.8 内接正方形

一些曲线 (例如圆) 有无穷多个内接正方形, 而非圆椭圆或存在大于90°内角的三角形则只有一个内接正方形。内接正方形问题由奥托·托普利兹在1911年提出，有时候也称为托普利兹问题。已经证明如果曲线足够光滑，则存在内接正方形。不幸的是，一般性证明很难理解。

图4.9　构造内接等边三角形

不过我们并不是一无所获，很容易证明所有简单的闭合曲线都有内接等边三角形。从曲线内部一个小的等边三角形出发。通过移位和旋转，可以让它的两个点保持在曲线上，第3个点则位于曲线内部。现在开始将前两个点的距离拉大并保持在曲线上，同时改变第3个点的位置，让三角形一直保持等边。如果前两个点的距离一直拉大，第3个点就会移动到曲线的外部，因此在移动过程中它必然会在某个时刻穿过曲线。这时我们就得到了所有点都在曲线上的等边三角形。图4.9展示了这个平衡时刻：一个三角形太小，一个太大，还有一个刚好。

计算机屏幕上的正多边形

如何才能在计算机屏幕上绘制一个完美的多边形？"完美"的意思是多边形的每个点都刚好位于某个像素的中心。不幸的是，对计算机图形学来说，除了正方形，其他正多边形都不可能做到这一点。

图4.10解释了为什么正五边形做不到。假设五边形的点都有整数坐标，将每条边旋转90°（图中虚线）会形成一个被围住的五边形，它的点也是整数坐标。当然，这个过程可以迭代，不断生成更小的五边

形，直到太小从而得出矛盾。同样的过程也可以生成其他边多于4条的正多边形。对等边三角形也可以得到同样的结果。为什么？如果等边三角形有整数坐标，则必然也存在具有整数坐标的正六边形，但是我们已经证明了这是不可能的。

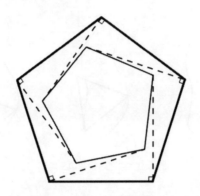

图4.10　正五边形不可能有整数坐标

四旅行者问题

假设有4条笔直的路，任意两条都不平行，也没有3条相交于一点（这有时候被称为一般位置）（图4.11）。在每条路上有一位旅行者匀速前进（通常速度各不相同）。有时候出于巧合，旅行者的位置和速度刚好会使得旅行者1和2相遇，然后两者分别与其他人相遇。这个命题认为旅行者3和4也会相遇。

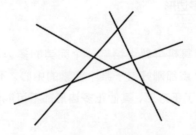

图4.11　位于一般位置的4条线

做一些代数计算就能解决这个问题，在这里就不再展示。不过我们会展示与解有关的一些有趣的技术细节。用 t_1 表示旅行者 1 和 2 相遇的时间，t_2 为旅行者 1 和 3 相遇，t_3 为旅行者 1 和 4 相遇，t_4 为旅行者 2 和 3 相遇，t_5 为旅行者 2 和 4 相遇，t_6 为旅行者 3 和 4 相遇。在这 6 个时间点之间有一个神秘的关系式。如果

$$h(t_1,t_2,t_3,t_4,t_5,t_6) = -t_6t_2t_5 - t_6t_1t_3 + t_6t_1t_5 + t_6t_4t_3 + t_6t_2t_1 - t_6t_4t_1$$
$$+ t_5t_3t_2 + t_5t_4t_2 - t_4t_3t_2 + t_4t_3t_1 - t_5t_4t_3 - t_2t_1t_5,$$

则

$$h(t_1,t_2,t_3,t_4,t_5,t_6) = 0 \text{。} \tag{4.3}$$

如果给定其中任意 5 个时间，则很容易算出第 6 个。例如，假设给定每个旅行者在某个时间 t 的位置（表 4.1）。通过代数计算可以得出相遇时间，见表 4.2。类似的也可以分析最一般性的问题，得出等式 4.3。

表 4.1　　　　　　　　　　四旅行者的位置

旅行者	(x, y)-位置
1	$(0, 3t)$
2	$(6t, 0)$
3	$(12t - 12, 6 - 3t)$
4	$(-2t - 4, 4t + 2)$

表 4.2　　　　　　　　　　四旅行者相遇的时间

k	1	2	3	4	5	6
t_k	0	1	-2	2	$-1/2$	$4/7$

虽然 h 的表达式看起来很复杂，其中却隐藏了很丰富的结构。考虑到四旅行者问题本身的结构，这并不奇怪，问题本身的不变性质

会对解施加约束。例如，如果改变时间单位 —— 比如从分钟变成小时 —— 结果应当不会改变。因此对任意常数 c，可以得到恒等式

$$h(ct_1, ct_2, ct_3, ct_4, ct_5, ct_6) = c^3 h(t_1, t_2, t_3, t_4, t_5, t_6)。$$

如果时间移位，可以得到函数 h 的另一个代数性质。例如，如果我们让 $t = 0$ 表示中午而不是早上 8 点，t 的移位值为 4。这个移位会使得所有相遇时间都移位相同的量，等式（4.3）应当仍然成立。因此对于任意值 s，应当有

$$h(t_1 + s, t_2 + s, t_3 + s, t_4 + s, t_5 + s, t_6 + s) = h(t_1, t_2, t_3, t_4, t_5, t_6)。 \qquad (4.4)$$

这个恒等式可以通过将左边展开化简来进行验证。最后，如果我们将下标 1 和 2 交换，则 t_1 和 t_6 保持不变，t_2 和 t_4 交换，t_3 和 t_5 交换。时间交换后得到如下公式

$$h(t_1, t_4, t_5, t_2, t_3, t_6) = -h(t_1, t_2, t_3, t_4, t_5, t_6)。$$

其他 5 种交换方式可以得到另外 5 个等式：

$$
\begin{aligned}
-h(t_1, t_2, t_3, t_4, t_5, t_6) &= h(t_4, t_2, t_6, t_1, t_5, t_3) \\
&= h(t_5, t_6, t_3, t_4, t_1, t_2) \\
&= h(t_2, t_1, t_3, t_4, t_6, t_5) \\
&= h(t_3, t_2, t_1, t_6, t_5, t_4) \\
&= h(t_1, t_3, t_2, t_5, t_4, t_6)。
\end{aligned}
$$

四旅行者问题展示了隐藏在一些漂亮的代数方程中的有趣的几何结构。

四指数猜想

第一章曾说过，实数可以分为两类：有理数和无理数。因为有理数可数，而无理数不可数，因此似乎"大多数"数都是无理数。如果你在实数线上扔一个飞镖，从概率上来说，有 100% 的可能会击中某个无理数。

无理数还可以细分。数 x 称为代数数，如果存在整系数的单变量多项式 p 使得 $p(x) = 0$。例如，$x = 3^{\frac{1}{4}}$ 是代数数，因为当 $p(x) = x^4 - 3$ 时 $p(x) = 0$。不是代数数的数是无理数的一个子类，称为超越数。同有理数可数一样，也可以用类似的方法论证代数数也可数，这意味着超越数也主宰了实数线。

要证明一个数是无理数不是容易的事情，而要证明它是超越数更是困难得多。1761 年，约翰·海因里希·朗伯特证明 π 是无理数，而第一个 π 是超越数的证明则要等到 1882 年才出现。由于几乎所有数都是超越数，因此最好是有简单的方法可以检验给定的数是不是超越数。这方面最简单的结果可能是格尔丰德–施奈德定理。这个定理说的是如果 a 和 b 是代数数（0 和 1 除外），b 是无理数则 a^b 是超越数。例如，用这个定理很容易证明 $2^{\sqrt{2}}$ 是超越数，这个数也被称为格尔丰德–施奈德常数。

这个定理有时候可以从反面证明一些有趣的结果。欧拉公式 $e^{\pi i} = -1$ 是数学中最漂亮的公式之一，将其重新写成 $(e^\pi)^i = -1$，然后令 $a = e^\pi$ 和 $b = i$。由于公式右边的 -1 不是超越数，因此定理的前提必定有某个地方不成立。指数 $b = i$ 是无理数和代数数，因为 $i^2 + 1 = 0$。另外 $a = e^\pi$ 既不是 0 也不是 1。因此唯一的可能只能是 e^π 不是代数数，因此它是超越数。

尚未解决的四指数猜想将超越数与 4 联系到了一起。假设 x_1、x_2 和 y_1、y_2 是复数对，对有理数具有线性独立性。意思是如果存在有理数 p 和 q 使得 $px_1 + px_2 = 0$ 或 $py_1 + py_2 = 0$，则 $p = q = 0$。这个猜想认为 $e^{x_1 y_1}$、$e^{x_1 y_2}$、$e^{x_2 y_1}$、$e^{x_2 y_2}$ 这 4 个数中至少有一个是超越数。这个猜想由西奥多梅龙·施奈德在 1957 年提出。

同心四边形

托勒密定理是古希腊几何留下的宝石之一。假设一个四边形同心，

即四个点共圆，如果边长依次是s_1、s_2、s_3和s_4，对角线长度分别是d_1和d_2（图4.12），托勒密定理证明

$$s_1s_3+s_2s_4=d_1d_2。 \tag{4.5}$$

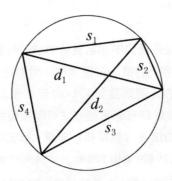

图4.12　托勒密定理

另外，托勒密定理的逆也成立：如果四边形满足等式（4.5），则必然同心。这就提供了一个检验四边形是否同心的简便方法，当然，是有时候简便。从计算的角度看，计算6个长度涉及平方根，因此如果需要数值近似，则计算可能会有偏差。此外，式（4.5）需要将四边形的边长配对，从图上来看相当直接，但如果想编计算机程序将点依在圆上的顺序排列，做法并不简单。

为了解决这个问题，可以将四边形表示为另一种形式。设四边形的4个点是复平面上的复数a、b、c、d。式（4.5）可以重写为

$$|a-b||c-d|+|b-c||d-a|=|a-c||b-d|。$$

刻画四点共圆的另一种形式涉及复分析中常用的一个量：交比。交比记为$cr\,(a,\ b,\ c,\ d)$，定义为

$$cr\left(a,b,c,d\right)=\frac{(a-c)(b-d)}{(b-c)(a-d)}。$$

交比有很长的历史，但直到 19 世纪才得到深入研究。这个看上去有些奇怪的量有一个优点是可以刻画四点共圆：4 个复数 a、b、c、d 组成的四边形同心当且仅当量 $cr\,(a, b, c, d)$ 为实数。利用这个特性证明四边形同心避开了前面提到了的两个麻烦，不涉及平方根，并且不用对 a、b、c、d 排序。

喜欢代数的人可以用一个有趣的公式将这两种方法联系起来：

$$\left[|a-c||b-d|-|a-b||c-d|-|b-c||d-a|\right]$$
$$\times\left[|a-c||b-d|-|a-b||c-d|+|b-c||d-a|\right]$$
$$\times\left[|a-c||b-d|+|a-b||c-d|-|b-c||d-a|\right]$$
$$\times\left[|a-c||b-d|+|a-b||c-d|+|b-c||d-a|\right]$$
$$=\left[(a-b)\overline{(b-c)}(c-d)\overline{(d-a)}-\overline{(a-b)}(b-c)\overline{(c-d)}(d-a)\right]^2$$
$$=-4|a-d|^4|b-c|^4\left(\mathrm{Im}\big(cr(a,b,c,d)\big)\right)^2,$$

表达式 $\mathrm{Im}(z)$ 表示 z 的虚部。这个等式对任意复数 a、b、c、d 都成立。左边是 4 个长式子的乘积，如果前 3 个式子任何一个等于 0，等式就等价于式（4.5）（取决于点的顺序）。第 4 个式子全部由正数组成，绝不会等于 0。当交比为实数时，式（4.5）的右边等于 0（假设 4 个点不重合）。因此托勒密定理与交比法是等价的。

四帽子问题

为了惩罚淘气的学生，老师决定不让他们课间休息，他们必须安静地坐在教室里。不过老师还是给了他们一条出路，出了一个题目让他们解答。男孩们坐成一条直线，其中 3 个人朝着同一个方向，第 4 个人则朝着相对的方向。在前 3 个人和第 4 个人中间放了一块板子（图4.13）。然后老师在每个人的头上戴了一顶帽子，两顶是黑的，两顶是白的。男孩们都知道每种颜色的帽子各有两顶，但只知道他看得到的人戴的什么颜色：C 知道 B 的颜色，D 知道 B 和 C。没人能看

到自己帽子的颜色。

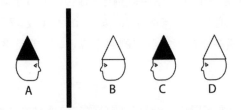

图4.13　四帽子问题

老师说："你们可以出去玩，但先得解决一个问题。在5分钟之内，你们中的一个必须说出自己帽子的颜色。如果你对了，就可以出去玩。如果谁说错了，你们都不能出去，相互之间不能说话。"一分钟后，其中一个人说出了自己帽子的颜色。请问这个人是谁，他又是如何知道的？答案在第10章。

这个问题的一个变体是有3顶白帽子和一顶黑帽子，B、C和D相互可以看见对方，A不能看见其他人。一分钟之后有人知道了自己帽子的颜色，他是如何知道的？答案在第10章。

第5章

整数5

> 我认为全世界对计算机的市场需求可能是5台。
>
> —— 据说是IBM董事长托马斯·沃森在1943年说的

5是第一个拒绝被归类的数字。它是柏拉图多面体的数量，也嵌入在罗杰斯–拉马努金恒等式中，同时它还在一元五次方程的解析解中插了一手，并且适合完美的镶嵌。天才孤独症者丹尼尔·塔穆特说："五是电闪雷鸣，惊涛拍岸。"你将会看到它展现出的力与美。

米盖尔五圆定理

从一个"主圆"开始，构造5个圆，中心都位于主圆上，并且在主圆上两两相交（图5.1）。然后通过相邻圆的内交点作5条直线。五圆定理证明这5条线组成的五角星的顶点位于这5个圆上。

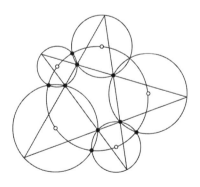

图5.1 米盖尔五圆定理

柏拉图多面体

从欧几里得的时代至今，5个柏拉图多面体一直保持着迷人的魅力。希腊人将每种多面体与一种元素配对，开普勒则将它们与当时已经知道的5种地外行星关联起来。现在美国数学学会的标志就是著名的正二十面体的图案。那么为什么柏拉图多面体正好是5种呢？

柏拉图多面体是由全等正多边形组成的凸多面体，每个顶点有相同数量的边相交。立方体就是柏拉图多面体：每个面都是全等正方形，每个点有3条边相交。要识别柏拉图多面体，我们需要在这些特征之间建立关联。用E、F和V分别表示多面体的边、面和点的数量。用P表示包围面的边的数量，Q表示在每个点相交的边的数量。要计算边的总数，可以用包围面的边的数量乘以面的数量。由于每条边在两个面各计数了一次，可以得到

$$PF=2E, \qquad (5.1)$$

另一个计算边的数量的方法是用各点的边数乘以点的数量，同样，每条边连接两个点，因此

$$QV=2E。 \qquad (5.2)$$

表5.1　　　　　　　　　五个柏拉图多面体的特征

柏拉图多面体	P	Q	V	E	F
正四面体	3	3	4	6	4
立方体	4	3	8	12	6
正八面体	3	4	6	12	8
正二十面体	3	5	12	30	20
正十二面体	5	3	20	30	12

如果将多面体"拉平"还可以得到一个关系。选取一个面，对其进行拉伸，让多面体平铺在平面上。被拉开的面变成了得到的图的外部区

域，这样我们就能应用第2章的欧拉公式：

$$V - E + F = 2。$$ (5.3)

式（5.1）—（5.3）由 P 和 Q 得到 E、F 和 V：

$$V = \frac{4P}{4 - (P-2)(Q-2)},$$
$$F = \frac{4Q}{4 - (P-2)(Q-2)},$$
$$E = \frac{2PQ}{4 - (P-2)(Q-2)}。$$

由于所有量都是正数，因此必定有 $(P-2)(Q-2) < 4$。这个严苛的约束只允许5种可能（表5.1）。这些美妙的公式表明它们之间也具有柏拉图式的感性关系。

解多项式

所有中学生都学过可怕的求根公式：一元二次方程 $ax^2 + bx + c = 0$ 的解是

$$x = \frac{-b \pm \sqrt{b^2 - 4ac}}{2a}。$$ (5.4)

虽然这个公式笼罩着神秘，但它的证明只要配方就够了：

$$ax^2 + bx + c = a\left(x^2 + \frac{b}{a}x + \frac{c}{a}\right)$$
$$= a\left(\left(x + \frac{b}{2a}\right)^2 - \frac{b^2}{4a^2} + \frac{c}{a}\right)$$
$$= a\left(\left(x + \frac{b}{2a}\right)^2 - \frac{b^2 - 4ac}{4a^2}\right)。$$

让这个式子等于0可以得到

$$\left(x + \frac{b}{2a}\right)^2 = \frac{b^2 - 4ac}{4a^2},$$

然后开方得到式（5.4）。一元二次方程的这个通解早在1000多年前就知道了。

　　求一般的一元三次方程 $ax^3 + bx^2 + cx + d = 0$ 的根则要困难得多，直到16世纪早期才解决。这要归功于意大利人费罗、塔尔塔利亚和卡尔达诺。代数形式的解虽然有，但是太过费解，在这里不给出具体细节。与一元二次方程不同，很少有数学家能够当场推出或凭记忆写出这些公式。几乎在同时四次方程由另一位意大利人费拉里解出，不过他的解依赖于三次方程的解，而他当时不知道这个结果，因此耽搁了成果的发表，在此期间，他的老师在1545年同时发表了三次和四次方程的解。

　　虽然取得了这些成就，还是没有人能解一般的五次方程。意大利人费尽心力也没能解决这个问题。数学家经常需要求多项式方程的根，有时候会涉及五次以上的方程，为此，研究者发展了精确逼近方程的根的数值技术。具有讽刺意味的是，逼近现在成了求根的常规方法，就连三次和四次方程也是用这种方法。

　　过了250多年，五次方程的问题才最终解决。1799年，保罗·鲁菲尼取得了重大进展，但直到1823年才由挪威人阿贝尔彻底解决（图5.2）。许多数学家会期望五次方程的解会比三次和四次方程更加复杂，但结果还是让他们震惊。阿贝尔–鲁菲尼定理证明五次或更高次的多项式方程没有一般的代数形式的解，这个定理并不是说所有五次多项式都不可解，方程 $(x - 1)(x - 2)(x - 3)(x - 4)(x - 5) = 0$ 具有解 $x = 1, 2, 3, 4, 5$。这个定理说的是存在这样的五次多项式，其根无法表示为和、差、积、商和根的组合（就像二次和三次方程那样）。方程 $x^5 - x + 1 = 0$ 就是不可解方程的例子。

图5.2　阿贝尔（左）和伽罗瓦（右）

1824年，阿贝尔得到了他的结果，并分发给了一些数学家。为了节省印刷费用，他把结果精简为6页，后来才在奥古斯都·克雷尔新创立的期刊上发表了更长、更完整的版本。阿贝尔不仅受困于经济问题，健康也在恶化，他在到巴黎进行学术访问时感染了肺结核。克雷尔在得知阿贝尔的状况后，利用自己的影响力为阿贝尔在柏林谋得了一个职位。遗憾的是太迟了，阿贝尔26岁时就去世了。

此后不久，另一个年轻人，法国的伽罗瓦在这个领域独立作出了重要贡献。伽罗瓦发现了判别五次或更高次多项式方程是否可解的方法。阿贝尔和伽罗瓦的成果成了此后诞生的抽象代数领域的基础。伽罗瓦的方法很独特，抽象代数有一个分支就叫做伽罗瓦理论。不幸的是，在他的有生之年没有看到自己的数学思想被其他人接受。除了对数学感兴趣，伽罗瓦还是个政治狂热分子，并为此招惹麻烦。他因为非法穿着已被解散的国民卫队炮兵队的制服而被判入狱半年。他的麻烦因卷入一场决斗而达到高潮，无法确定这场决斗是因为政治还是女人。据说伽罗瓦在决斗的前夜匆忙将自己的数学发现写在纸上，他的担心是对的，伽罗瓦在决斗后的第二天死去，年仅20岁。

丢番图逼近

在第1章的末尾我们遇到了斐波那契数和黄金比率。斐波那契数

的定义是 $F_1 = F_2 = 1$ 和

$$F_n = F_{n-1} + F_{n-2},\qquad(5.5)$$

黄金比率 ϕ 是

$$\lim_{x \to \infty} \frac{F_n}{F_{n-1}} = \frac{1+\sqrt{5}}{2}。$$

F_n/F_{n-1} 对 ϕ 的逼近程度怎样？丢番图分析研究了有理数对无理数的逼近程度。狄利克雷逼近定理证明，如果 α 是无理数，则有无穷多组整数 p 和 q 满足不等式

$$\left| \alpha - \frac{p}{q} \right| < \frac{1}{q^2}。$$

如果右边收紧，比如 $0.5/q^2$，则仍然会有无穷多组解。我们能将常数 0.5 缩得更小，并且仍然保证有无穷多组解吗？这就是赫尔维茨定理的精髓：方程

$$\left| \alpha - \frac{P}{q} \right| < \frac{1}{\sqrt{5}q^2}\qquad(5.6)$$

有无穷多组解。此外，如果常数 $1/\sqrt{5}$ 继续缩小，定理将不再成立。让 α 等于黄金率可以揭示出这一点。如果 $c < 1/\sqrt{5}$，则方程

$$\left| \phi - \frac{p}{q} \right| < \frac{c}{q^2}\qquad(5.7)$$

最多有有限数量的解。斐波那契数的爱好者又有了一个击掌庆祝的理由。

佩特森图

软件测试通常需要用各种输入去检验软件的反应，考虑周全的测

试能够发现容易忽略的缺陷。在数学中，有时候也根据这种思路修正发展中的理论。在图论中，佩特森图就是一种很棒的"测试图"，因为它是许多看似合理的观点的反例。

佩特森图是无向图，通常描绘为五边形连接一个内部的五角星（图5.3）。佩特森图具有哈密顿路——访问每个节点刚好一次的路径——但没有哈密顿回路，哈密顿路的起点绝不会是终点。不过，佩特森图是最小的亚哈密顿图：它自己没有哈密顿回路，但拿掉一个点后形成的所有图都具有哈密顿回路。亚哈密顿图来自流动推销员问题（TSP）的整数规划解。TSP问的是访问指定城市集的最短路径，这个问题在资源配置中具有广泛用途。

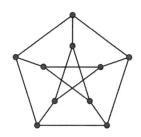

图5.3　佩特森图

佩特森图也是最小的蛇鲨图。蛇鲨图具有以下特性：

- 它具有连通性：任意节点之间都有路径。

- 它具有无桥性：拿掉任意一条边都不会让图变成不连通。

- 它是三次图：任意节点都有3条边。

- 它的色数为4：给每条边着色，让每个顶点都不会有两条边具有相同的颜色，所需的最少颜色数量等于4。

虽然佩特森图有这些有趣的特性，但它不是平面图。也就是说，如果把它画在平面上，无论怎样画都会有边相互跨越。蛇鲨图早在1880年就引起了人们的兴趣，当时证明了四色定理意味着所有蛇鲨图

都不是平面图。这个名称是著名数学家马丁·加德纳取自刘易斯·卡罗尔的诗《猎鲨记》中神秘费解的事物。图论学家威廉·图特猜想所有蛇鲨图都包含有佩特森图（移去足够的边和点后会得到佩特森图）。这个结果在1999年已经被宣称证明，但直到2013年，具体的细节还没有公开。

幸福结局问题

同许多创造性活动一样，数学家也会沉浸在自己的作品中，有时候时间不知不觉就过去了好久。他们在学习——尤其是发现——数学真理时感受到的美与人们在聆听美妙的音乐时的感受差不多。在这样的过程中，如果遇到的难题最终得以解决，就称为幸福结局。但厄多斯提到的幸福结局问题是另一个问题。

1933年，布达佩斯的一群学生经常聚到一起讨论数学问题。埃丝特·克莱茵在讨论中提出了一个问题：给定平面上的5个点，证明其中4个点必定构成凸四边形。厄多斯和乔治·塞克尔斯也参与了讨论，在克莱因解释了自己的解决方法后，厄多斯和塞克尔斯继续深入研究了这个问题，并在1935年发表了一篇论文，现在被认为是组合几何学的奠基之作。克莱因提出的问题还带来了其他成果，克莱因和塞克尔斯因此走到了一起，两人于1937年结婚，厄多斯因此将克莱因的问题戏称为幸福结局问题。

这个问题的解很直接。首先，找到集合的凸壳。如果凸壳是五边形，则意味着其中任意4个点都能构成凸四边形；如果凸壳是四边形，则凸壳的四个角就是要找的结果；如果凸壳是三角形，则其他两个点在三角形内部，通过这两点作一条直线，三角形上至少有两个点会落在直线的同一侧，这两个点加上内部的两个点就构成凸四边形。图5.4给出了3种情形。

1935年，厄多斯和塞克尔斯推广了这个结果。他们证明对于任意

的 $n \geqslant 3$，都存在最小的整数 $N(n)$，使得平面上任意位置的 $N(n)$ 个点的集合，必然包含 n 个点可以构成凸 n 边形。塞克尔斯还猜想 $N(n) = 1 + 2^{n-2}$。很显然 $N(3) = 3$，而根据幸福结局问题，有 $N(4) = 5$，后来又证明了 $N(5) = 9$。但是对 $n \geqslant 6$ 的 $N(n)$ 则很难确定。1996年，在厄多斯去世前不久，他为塞克尔斯猜想的证明提供了 500 美元的奖金。

图5.4　当凸壳分别为5个点、4个点和3个点时构造的凸四边形

克莱因和塞克尔斯结婚后不久就面临严酷的政治环境，他们是犹太人，不得不在1939年离开了欧洲，寓居于上海。1948年，塞克尔斯获得了澳大利亚阿德莱德的一个职位，在那里继续自己的数学家生涯。2005年8月28日，塞克尔斯和克莱因在一个小时内相继去世。

镶嵌

假设你获得了一份给一个大房间铺瓷砖的工作（不用担心，我们会指导你），雇主厌倦了方形和矩形瓷砖，想让你铺点别的，你还能用什么形状的瓷砖来铺呢？数学家称这种排列为镶嵌。

如果你只用全等正多边形，则只有3种可能：正方形、等边三角形和正六边形，这些是正则镶嵌。如果可以用多种正多边形，并且每个点周围的砖块集是一样的，则会增加8种排列，它们被称为半正则镶嵌或阿基米德镶嵌。如果你去掉这些限制，则有无数种可能。

许多艺术家和设计师通过在砖块上添加图案和花纹来增加镶嵌的对称美感。在各种文化墙和地毯上都可以看到美丽的镶嵌。西班牙的阿尔罕布拉宫是伊斯兰镶嵌艺术的博物馆，这种艺术启发荷兰艺术家

艾舍尔发明了各种迷人的镶嵌。

只用正五边形无法构造镶嵌, 因为108°的内角无法拼到一起 (如果你不信, 可以试一试), 但五边形可以与其他形状组合。16世纪初, 德国艺术家阿尔布莱希特·杜勒发现了用正五边形和菱形构造的镶嵌。一个世纪后, 开普勒——是的, 就是那个研究行星的哥们——发现了一种用正五边形、五角星和"融合的十边形"构造的镶嵌 (图5.5)。

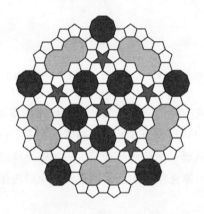

图5.5　正五边形、五角星和"融合的十边形"组成的镶嵌

既然正则镶嵌很容易就能铺满平面, 干嘛还要大费周折去找五边形的镶嵌呢? 开普勒的成果启发了罗杰·彭罗斯, 他发现了一种新的基于五边形的镶嵌, 可以非周期地铺满平面。与前面讨论的镶嵌不同, 非周期镶嵌无法通过平移复制自身, 它不会重复。这种镶嵌曾被认为不存在, 但是在20世纪60年代, 一种用了大约100种不同砖块的非周期镶嵌被构造出来。此后研究者发现了砖块种类越来越少的非周期镶嵌。让人吃惊的是, 彭罗斯居然将这个数字缩减到了2, 这两种砖块被称为"风筝"和"飞镖"(图5.6)。这些砖块的所有角度都是π/5的整数倍。正五边形虽然拒绝单独形成镶嵌, 却启发了非周期镶嵌的发现。

"风筝"和"飞镖"怎样拼到一起铺满平面的呢? 有一种方法是用黑和白对点着色, 然后要求相邻砖块的点颜色匹配。另一种方法是匹配砖块上的圆弧。

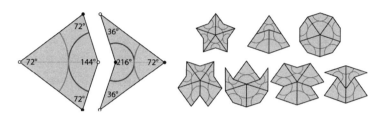

图5.6　风筝和飞镖，以及匹配的方法

彭罗斯镶嵌还通过另一种方式与整数5联系到了一起，用"无理的"二维平面——错开所有高维网格点的平面——对五维超立方体进行切片，就能生成彭罗斯镶嵌。

　　非周期镶嵌也彻底改变了晶体学。直到20世纪80年代，人们都普遍认为晶体只有2、3、4和6重旋转对称。通过数十年的寻找，2009年，一种准周期的矿物晶体（或简称准晶）被发现。这种物质被称为二十面石，具有标准模型中所不允许的5重对称性。这种准晶是铝铜铁合金，以小颗粒的形式存在。据报道，二十面石在俄罗斯的赛亚山脉被发现，有证据表明它来自地外，据推测是45亿年前由一颗小行星带到了地球。

关于球和香肠

　　当普通人说"球"的时候，意思可能是球面，也可能是球体。数学家在遣词造句时通常会更精确——有些人会觉得是故弄玄虚或小题大做——因为概念的意义往往取决于背景。球体指的是与给定中心的距离小于或等于半径的点集。球面指的是与给定中心的距离刚好等于半径的点集。用平常的话来说，球体指的是整个实心球，球面则指的是薄薄的球壳，是球体的表面。

　　我们还得抛弃认为球体和球面仅仅是三维对象的想法。用精确的语言表述，我们将n-球体定义为n维空间中半径为1的球体，n-球面定义为$n+1$维空间中半径为1的球面。之所以有这个明显的差别是因

为我们想让n-球体的体积和n-球面的面积是在相同维度上测量的量。例如，1-球体等同于区间$[-1, 1]$，与原点距离小于等于1的所有点的集合。1-球面是半径为1的圆。请注意1-球面和1-球体都是1维对象。类似地，2-球体是圆盘，2-球面则是标准的3维空间单位半径球面，它们都是二维对象。用V_n表示n-球体的体积，S_n表示n-球面的表面积，则前面几项是$V_1 = 2$，$S_1 = 2\pi$，$V_2 = \pi$和$S_2 = 4\pi$。有紧凑的公式可以巧妙地将球体的体积和球面的面积联系起来：

$$V_{n+1} = \frac{S_n}{n+1},$$
$$S_{n+1} = 2\pi V_n。$$

如果只关注体积，这两个公式可以组合成$V_n = 2\pi V_{n-2}/n$。由于$2\pi < 7$，我们可以得出一个不那么直观的结论，当$n < 7$，n-球体会有最大体积。表5.2列出了前面几项的值。当$n = 5$时V_n取最大值，这又是高维球体与整数5的一个关联。

表5.2　　　　　　　　　　V_n，单位n-球的体积

n	V_n	近似值
1	2	2.0000
2	π	3.1415
3	$4\pi/3$	4.1888
4	$\pi^2/2$	4.9348
5	$8\pi^2/15$	5.2638
6	$\pi^3/6$	5.1677
7	$16\pi^3/105$	4.7248

在n维空间中放置n-球体，取球体集合的凸包，球体怎样放置才能让凸包的体积最小呢？显然要把球挨紧，但最佳放置方式并不清楚。

香肠猜想认为，当 $n \geq 5$ 时，最优布局是将球排成一条线，这样凸包就像一条香肠。这个断言目前只在高维情形下被证明，尤其是当 $n \geq 42$ 时。

马的矩形板游程

在第2章我们看到国际象棋棋盘上不可能构造出马从一个角到对角的路径。这个问题问的是，是否任何马的游程的可能性都是取决于棋盘的大小。例如，3 × 3 的棋盘肯定不会有马的游程，因为从周围的8个格子都无法到达中间格子。如果棋盘的某条边太短，马的游程就是不可能的。反过来，有一个干净利落的结果证明，如果两条边都不小于5，则存在马的游程（图5.7）。

图5.7 24 × 24棋盘上马的游程

有几种方法可以寻找马的游程。从计算的角度看，分治算法最好用。这个方法是将棋盘切分成小块，在每一块上构造合适的路线，然后将各块组合到一起。还有一个特别的方法是沃恩斯多夫法则，马下一步的移动应当是向前移动数量最少的方块。一些研究者改进了这个方法，可以处理两个或多个方块具有相同的前向移动最少数量的情形。最后要说的是，虽然寻找马的游程是一个可解的计算问题，但是对给定的棋盘存在多少马的游程还是一个尚未解决的问题。

五张牌的魔术

52张一副的标准扑克牌是魔术师的标配，有一个神奇的扑克牌手法，其中利用了整数5。这个被称为菲奇·切尼五牌把戏的手法并不局限于5张牌，对整副牌都管用，因此值得学一学。

先来示范一下。魔术师将牌交给一位随机选择的观众检查并洗乱，然后要求这位观众选出5张牌，将牌交给魔术师可爱的助手，她将其中4张牌交给魔术师，一次一张，魔术师将牌摊在桌面上：K♣、7♢、8♠、J♡。然后魔术师宣布，助手藏起来的第5张牌是2♣。助手嘴角露出迷人的微笑，随之揭开这张牌。

如果扑克牌是随机选择的并且没有标记，魔术师是如何猜出那张牌的呢？关键在于助手。她可以选择留下哪张牌，并决定另外4张牌递给魔术师的顺序，这为魔术师提供了足够的信息，让魔术师可以知道那张牌到底是哪一张。下面来分析一下是怎么回事。我们将看到，标准的52张扑克牌刚好适合这个有趣的把戏。

由于助手有5张牌，而牌有4种花色，因此至少有两张牌有相同的花色，这是所谓的鸽笼原理。如果有m只鸽子想住到n个笼子中，则必然有一个笼子中至少有$\lceil m/n \rceil$只鸽子，其中$\lceil x \rceil$表示不小于x的最小整数。这里是5张牌（鸽子）和4种花色（鸽笼），由于$\lceil 5/4 \rceil = 2$，因此必然有两张牌具有相同的花色。

下一步确定花色相同的两张牌的"距离"（如果相同花色的牌不止两张，可以任选其中两张）。令J等于11，Q等于12，K等于13，A等于1，两张牌之间的距离就是最小距离与13取模。例如9和J之间的距离是2。A和10的距离呢？不是9，是4，因为10–J–Q–K–A只需要4步。由于每种花色有13张牌，因此两张牌之间的距离最大为6。

助手将花色相同的两张牌中排在"后面"的那张留下，排在"前面"的那张就是递给魔术师的第一张牌。也就是说，一旦魔术师拿到了第一张牌，他就知道了那张藏起来的牌的花色，并且只剩下6种可能，剩下的3张牌将告诉他到底是哪张牌。要做到这一点，我们先要将一副扑克牌中所有的牌排序，采用桥牌对花色的排序，♣◇♡♠，两张牌先用花色排序，如果花色相同，再用数字排序。比如，K♣ < 2◇。将剩下3张牌记为 A、B、C，分别表示最前面的、中间的和最后面的牌，则会有6种可能的顺序：

$$\{A,B,C\},\{A,C,B\},\{B,A,C\},\{B,C,A\},\{C,A,B\},\{C,B,A\},$$

这6种字母序可以分别与数字1到6对应，因此助手在将牌递给魔术师时，只需让牌的顺序与相同花色的前后两张牌之间的距离数字相对应，魔术师就能算出那张牌到底是哪一张。

让我们来实践一下这个手法，还是用之前那5张牌：2♣、K♣、7◇、J♡、8♠。有两张相同花色的牌，K♣在前面，2♣在后面，因此选择2♣藏起来。首先递给魔术师的排是K♣。由于距离为2，因此助手递牌的顺序是最前面的、最后面的和中间的，也就是7◇、8♠和J♡。

足球和穹顶

在这一章前面我们看到，正十二面体是柏拉图多面体，12个面都是正五边形。这个正多面体可以变化一下，形成另一种多面体，也有12个五边形，再加上一些六边形。想象将正十二面体的每个面都直接往外抬升，调整各面之间的间隙，刚好让每个五边形周围放一圈六边

形。这会增加20个六边形，从而构成全世界最受欢迎的阿基米德多面体：足球（图5.8）。

这个过程可以继续，围着每个五边形加不止一圈六边形，让间隙变得更大，可以加多层六边形。无论加多少层，总是12个五边形。网格穹顶就是这种结构。最大的网格穹顶是在1967年蒙特利尔世博会上（图5.8）。小心，在里面找五边形可能会很受伤！

图5.8　足球（上）和1967年蒙特利尔世博会网格穹顶（上）

无限循环

我们知道斐波那契数列中的每个数都是基于前面的两个数得出，我们可以尝试一种不同的递归关系，每一项都是根据以下式子得出：

$$x_n = \frac{x_{n-1}+1}{x_{n-2}}。 \tag{5.8}$$

如果 $x_1=4$，$x_2=7$，则有 $x_3=2$，$x_4=3/7$，$x_5=5/7$，$x_6=4$，和 $x_7=7$。由于 $x_6=x_1$ 并且 $x_7=x_2$，因此我们知道这 5 个数会一直循环下去。如果选取不同的 x_1 和 x_2 呢？神奇的是，得到的几乎都是周期为 5 的循环。为了证明这一点，我们可以令 $x_1=a$，$x_2=b$。得到序列是

$$a,b,\frac{b+1}{a},\frac{a+b+1}{ab},\frac{a+1}{b},a,b\cdots。$$

唯一不成立的情形是当序列中的某个数为 0 时，即 $a=0$，$b=0$，$a=-1$，$b=-1$，或 $a+b=-1$。式（5.8）的循环关系有时候也称为利内斯映射。

研究者们寻找了有理形式的具有全局周期性的递归关系：

$$x_n = \frac{A_1x_{n-1}+A_2x_{n-2}+A_3x_{n-3}+\cdots+A_{n-1}x_1+A_n}{B_1x_{n-1}+B_2x_{n-2}+B_3x_{n-3}+\cdots+B_{n-1}x_1+B_n}, \tag{5.9}$$

其中 A_1，$\cdots$，A_n 和 B_1，$\cdots$，B_n 为常数。所有已知的具有全局周期性的递归关系都可以归结为 5 种可能之一（表 5.3）。

表 5.3　　　　　5 种具有全局周期性的递归关系

循环	周期长度
$x_n = x_{n-1}$	1
$x_n = 1/x_{n-1}$	2
$x_n = (x_{n-1}+1)/x_{n-2}$	5
$x_n = x_{n-1}/x_{n-2}$	6
$x_n = (x_{n-1}+x_{n-2}+1)/x_{n-3}$	8

罗杰斯-拉马努金恒等式

美丽的罗杰斯-拉马努金恒等式最初由罗杰斯在1894年发现,后来又由拉马努金在1913年之前的某个时候独立发现。这个公式与连分式和分拆理论有关:

$$1+\sum_{n=1}^{\infty}\frac{q^{n^2}}{(1-q)(1-q^2)\cdots(1-q^n)}=\prod_{n=1}^{\infty}\frac{1}{(1-q^{5n-1})(1-q^{5n-4})}, \qquad (5.10)$$

$$1+\sum_{n=1}^{\infty}\frac{q^{n(n+1)}}{(1-q)(1-q^2)\cdots(1-q^n)}=\prod_{n-1}^{\infty}\frac{1}{(1-q^{5n-2})(1-q^{5n-3})}\text{。} \qquad (5.11)$$

在这一章,我们已经见到了两位夭折的数学天才的浪漫故事,现在是时候加入另一位早天的数学天才拉马努金(1889—1920)(图5.9)的故事了。拉马努金出生在南印度一个贫穷的婆罗门家族,很小的时候就对数学着迷。他由于数学天分获得了大学奖学金,但又由于着迷于非数学科目(英国史、希腊史、罗马史、心理学)被踢出来两次。虽然拉马努金的家族很贫穷,他们还是让他继续了5年的数学研究,没有逼他出去找工作。拉马努金夜以继日地演算,不断发现与无穷级数、积分、连分式和特殊函数有关的新公式。他随身携带笔记本,一旦发现了自己觉得有价值的结果,就会记在笔记本上,从不示人,因为担心印度人不会知道它的价值,而英国人则会窃取成果。

图5.9　斯里尼瓦瑟·拉马努金

虽然拉马努金贫穷又没有地位，但婆罗门的种姓还是给了他一些社会资源。他不断尝试向印度的数学家团体宣传自己的成果，最终，拉马钱德拉·劳认可了他，每月赞助他25印度卢比的津贴。钱不多，但是足以让拉马努金不会有经济上的担忧。

拉马努金被鼓励与英国杰出的数学家联系，最初两位无视他的信件，但第三位，剑桥数学家哈代有了回应。哈代和他的同事利特伍德看到拉马努金的一些数学成果后震惊了。他得出的一些结果已经为人所熟知，早在几十年前就被发现了；另一些需要一些时间来证明，还有一些则似乎完全无法理解。据说吸引哈代注意的是罗杰斯-拉马努金恒等式的一个与连分式有关的引理：

$$\cfrac{1}{1+\cfrac{e^{-2\pi}}{1+\cfrac{e^{-4\pi}}{1+\cfrac{e^{-6\pi}}{1+\cdots}}}} = \left(\sqrt{\frac{5+\sqrt{5}}{2}} - \frac{\sqrt{5}+1}{2}\right)e^{2\pi/5}.$$

哈代写道："这些等式一定是对的，因为没有人能够凭空想象出来（卡尼格尔，《知无涯者》，p.111）。"克服了宗教上的禁忌，拉马努金离开印度和哈代一起合作了5年。后来，拉马努金病了，不得不在疗养院休养。身体条件允许后，他回到了印度，希望印度温暖的气候和家人的关爱可以让他完全恢复健康。可惜未能如愿，最终于32岁去世。

与分拆理论有关的罗杰斯-拉马努金恒等式与整数5有密切关联。最简单的分拆函数 $p(n)$ 是对 n 可以写成正整数之和的方式进行计数。例如 $p(4)=5$，因为数字4有5种写成正整数和的方式：

$$4=3+1=2+2=2+1+1=1+1+1+1,$$

分拆函数增长得很快，哈代和拉马努金对很大的 n 值得出了近似公式

$$p(n) \approx \frac{1}{4\sqrt{3}n}e^{\pi\sqrt{2n/3}}.$$

罗杰斯-拉马努金恒等式蕴含了两个受限分拆形式的定理。第一个定理说的是，如果要求分拆的各部分之间的差值至少为2，则n的分拆数等于分拆各部分与5取余结果为1或4的分拆数。例如，如果取$n = 9$，则不受限的分拆超过30种，第一种分拆方式有5种，

$$9=8+1=7+2=6+3=5+3+1,$$

第二种分拆方式也是5种，

$$9=6+1+1+1=4+4+1=4+1+1+1+1$$
$$=1+1+1+1+1+1+1+1+1。$$

第二个定理更为精炼：如果分拆部分的最小差值为2，最小部分为2，则n的分拆数等于分拆各部分与5取余结果为2或3的分拆数。同样以$n = 9$为例，第一种有3种分拆方式，$9 = 7 + 2 = 6 + 3$，第二种也有3种方式，$7 + 2 = 3 + 3 + 3 = 3 + 2 + 2 + 2$。

数字5还以另一种重要的方式与分拆有关联。这里我们需要引入五边形数。我们很熟悉正方形数和三角形数，五边形数是通过共用一个点和两条边的五边形构造出来的（图5.10）。第n个五边形数是五边形的每条边有n个点的数。前几个五边形数分别是1，5，12，22，35，51，70，92，117，用g_n表示第n个五边形数，则$g_n = n(3n - 1)/2$。

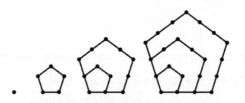

图5.10　五边形数

现在可以展示吸引眼球的欧拉五边形数定理了：

$$\prod_{n-1}^{\infty}\left(1 - x^n\right) = \sum_{k=-\infty}^{\infty} (-1)^k x^{g_k}。$$

展开形式为

$$(1-x)(1-x^2)(1-x^3)\cdots = 1-x-x^2+x^5+x^7-x^{12}-x^{15}+\cdots。$$

分拆理论的一个基本结果是

$$\prod_{n=1}^{\infty}\frac{1}{(1-x^n)} = \sum_{n=0}^{\infty}p(n)x^n。$$

这两个等式可以结合到一起构成分拆函数的递归公式：

$$p(n) = p(n-1) + p(n-2) - p(n-5) - p(n-7) + \cdots。 \quad (5.12)$$

例如，如果我们知道所有 $n < 30$ 的 $p(n)$，则

$$\begin{aligned}p(31) &= p(30) + p(29) - p(26) - p(24) + p(19) \\ &+ p(16) - p(9) - p(5)。\end{aligned}$$

利用式 (5.12) 计算分拆函数的确切值可以说是快如闪电而且易于实现。

第6章

整数6

> 6自身就是一个完美的数，不是因为上帝用6天创造了万物。
> 恰恰相反，上帝用6天创造万物是因为这个数是完美的……
>
> —— 圣奥古斯丁，《上帝之城》

整数6是一个完全数，因为它的比自身小的所有因数 ——1、2、3 ——加起来等于它自身。但6之所以看上去如此完美是出于结构或美学上的原因。整数6让蜜蜂着迷于建造蜂巢，让水果店热衷于堆叠橙子，同样也会对你施加魔法。

最优堆积

水果店和蜜蜂有何共同之处？显然它们都擅长为人们提供食物，但还有一个更有内涵和技术含量的答案：它们都擅长高效堆放它们的资源。

蜂巢由蜜蜂分泌的蜂蜡构成，用来储存蜂蜜、花粉和蜜蜂幼虫。早在数千年前，蜂巢的六边形结构就引起了人们的注意和赞叹（图6.1），罗马万神庙穹顶内部的支架和暗室或许就是受这种生物结构的启发。今天，蜂巢结构在航空航天等工程和科学领域有大量的应用。

图6.1　蜂巢，大自然的六边形镶嵌

　　为什么蜂巢会有六边形的结构？帕普斯认为蜜蜂具有"天生的
对称感"，达尔文则将蜂巢描述为"绝对完美地节省劳动和蜂蜡"的
工程典范（彼得森，《蜂巢猜想》，p.60）。波兰博学大师布罗泽克
（1585—1652）给出了一个数学原理：平面的六边形覆盖具有最小边
界。换句话说，布罗泽克猜想用等面积的形状覆盖一块大的区域同时
让边界最小的最优方式是用六边形结构。这个问题悬而未决多个世纪，
1999年才由托马斯·黑尔斯证明。

　　顺提一下，黑尔斯用来证明蜂巢猜想的数学工具还被用于解决另
一个长期悬而未决的问题——开普勒猜想。这个猜想也称为炮弹问题，
问的是传统的堆橙子（或炮弹）的模式是不是最优（图6.2）。也就是
说，用同等大小的球填充空间浪费体积最小的是所谓的紧密堆积，这
种堆积由一层层的球组成，每层球的中心构成六边形网格。如果同等
大小的球被随机扔进一个大箱子，实验结果表明球对箱子容积的填充
率大约是65%，而六边形紧密堆积的填充率平均是 $\pi/\left(3\sqrt{2}\right) \approx 74\%$ 。这
个游戏的名字叫高效堆积。这个问题吸引了高斯这样的数学大师的注

意，他证明了一个特例。1900年，希尔伯特在巴黎的国际数学家大会上提出了10个他认为会深刻影响20世纪数学研究方向的问题。他的演讲的发表版包括了23个问题，开普勒猜想是希尔伯特第18个问题的一部分。

图6.2　堆放橙子的最佳方式是什么

　　类似于蜂巢猜想，开普勒猜想也曾搁置了多个世纪，直到被黑尔斯解决。1963年，匈牙利数学家拉兹洛·费耶·托斯证明这个问题可以简化为有限（但很大）数量的特例。他也意识到这样的问题可以用计算机解决，但这在当时还无法实现。黑尔斯在他的研究生萨缪尔·佛格森的帮助下，将这个问题变换为有150个变量的函数，他证明只要在5000种不同构造下这个函数的最小值都大于用紧密堆积得到的最小值，这个问题就解决了。这个方案需要巨量的计算，大约100000个线性规划问题，线性规划属于应用数学领域，是资源配置的基础。黑尔斯花了几年时间完成了这个项目以及开普勒猜想的证明。

　　同四色定理一样，这个方案也引起了争议。顶级期刊《数学年刊》的编辑要求要取得审稿小组的同意才能发表。审稿4年后，小组主席嘉柏·费耶·托斯（拉兹洛·费耶·托斯的儿子）说小组"99％肯定"这个证明是正确的，但是对打包票持保留意见，因为计算机的计算无法验证（Szpiro, "*Does the Proof Stack Up?*" pp. 12–13）。虽然数学界基本已经接受了这个证明，黑尔斯还是在用自动证明检查软件寻求形式化证明。2014年这个项目宣布完成。

　　还有一个堆放问题是开尔文猜想，这是蜂巢猜想的三维版，要求排列等体积的三维胞体同时最小化胞体之间的面积。开尔文勋爵推测答案是用十二面体，有 6 个正方形面和 8 个六边形面的多面体。知道蜂巢和开普勒猜想的故事后，人们可能会认为开尔文猜想肯定也成立，但仅有美好的愿望是不够的。1993 年，爱尔兰物理学家丹尼斯·维埃尔和他的学生罗伯特·菲兰用计算机模拟找到了能更高效填充三维空间的胞体，其中用到了两种不同的等体积多面体：有五边形面的不规则十二面体（四面对称）以及有两个六边形和 12 个五边形的十四面体，（反棱镜对称）（图 6.3）。这种构造比开尔文结构的表面积少 0.3%，但目前还不知道是不是最优。

　　维埃尔-菲兰结构在一些水晶结构中被发现。甲烷、丙烷和二氧化碳组成的气水合物在低温下就有这样的结构，水分子位于维埃尔-菲兰结构的节点上。另外，这种结构就像二维的蜂巢结构一样，被发现具有天然的强健性。维埃尔-菲兰结构启发了 2008 年北京奥运会国家游泳中心——著名的水立方——的设计。

图 6.3　维埃尔-菲兰结构和北京水立方游泳中心

朋友和陌生人

有6个人，如果两个人以前见过，就称为朋友，否则就称为陌生人。朋友和陌生人定理证明要么其中3人（相互）是朋友，要么其中3人（相互）是陌生人。

这个定理的证明简短而甜蜜。用6个点画一个图，每个点代表一个人，每对点都用一条边连接，如果两人是朋友，就用蓝边连接，否则就用红边连接。用图的语言描述这个定理，我们的目标是证明必然存在要么全蓝、要么全红的三角形。

选一个点，称为P，这个点有5条边连接，其中至少有3条边的颜色相同（鸽笼原理的一个简单例子）。将这3条边连接的点记为A、B和C，假设这3条边（PA、PB和PC）是红的，如果图中没有红三角形，则AB、BC和CA就都不是红色，但这就意味着它们都是蓝色，因此存在蓝三角形。如果边PA、PB和PC都是蓝色，类似地也可以证明A、B、C三点构造成红三角形，无论哪种情形，定理都得到了证明。

六度分离

如果在全世界随机选取两个人，连接两人的最短"朋友链"是怎样的呢？有一个观点认为任何人都可以通过最多6步到达任何人，这被称为六度分离。这个观点通过多个针对各种人群的研究变得广为人知，其中包括心理学家斯坦利·米尔格兰姆1967年的文章《小世界问题》。

虽然网络路径长度有限的思想与我们越来越强的交流手段和越来越小的世界很契合，具体的整数6还是高度地取决于太多不相关的因素。从数学上来说，已经证明，如果N表示随机网络中节点（可以认为是人）的总数，每个节点有K条连接（可以认为是朋友关系），则两个节点之间平均的路径长度是$\ln N / \ln K$。当然，要确定K很困难，因此下具体的结论没什么意义。假设全世界有70亿人，每人需要有43个朋友才能让平均路径长度为6，撇开社交媒体上脆弱的关系强度不说，6这个长度的可靠性也不高。

顺带说一句，第二次世界大战后计算机的发展激发了数学家发展新的自动化算法。艾兹格·迪科斯彻在20世纪50年代末提出的算法可以寻找网络中的最短路。这类算法是搜索最短出行路径的技术背后的引擎。

如果路径长度6的可靠性不高，为什么我们还把六度分离放在这一章呢？因为我们可以借此来探讨人群中与某人的联系。在第2章，我们遇到了20世纪的数学大师保罗·厄多斯。数学是厄多斯生活的全部，他通过与其他数学家合作换取经济资助和住所。厄多斯没有亲人，也没有家庭，是一位古怪的数学家。他的成就无论以什么标准来衡量，都是杰出的。如果一位数学家退休时发表了50篇论文，就可以认为是很多产了，很多人都超过了这个数量，厄多斯发表的论文超过1500篇，而且，他的网络让任何人都相形见绌，他有500多位合作者。

我们可以用图中的节点代表数学家，用边代表两位数学家至少合作过一篇论文。这种图称为合作图，奥克兰大学的杰瑞·格罗斯曼构建和研究了这种图。基于2004年以来的数据，这个图大约有40万个节点和290万条边。每篇论文的平均作者数量是1.51，每个作者的平均论文篇数是7.21。从时间上可以观察到有趣的趋势，例如文章作者数量和数学家平均的合作者数量的增长。1940年之前，发表的论文中合著的不到10%，50年后，大约有30%的论文是合著的。

考虑到厄多斯的多产，一个有趣的问题是人们与他的"距离"有多远，这启发了厄多斯数的提出。如果一个人与厄多斯有合著论文，我们就说他或她的厄多斯数为1，有504个人的厄多斯数为1。如果一个数学家的厄多斯数不为1，但是他和厄多斯数为1的某个人合著过论文，那么他的厄多斯数就为2。后面以此类推，这个数度量了某位作

者在合作图上与厄多斯的距离。厄多斯数项目网站给出了给定的厄多斯数有多少人的数据（图6.1），这个表同样是基于2004年以来的数据。

表6.1　　　　　　　　给定的厄多斯数对应的人数

厄多斯数	1	2	3	4	5	6	7	8	9	10	11	12	13
人数	504	6593	33605	83642	87760	40014	11591	3146	819	244	68	23	5

厄多斯数的中位值为5，平均值为4.65（作者本人很高兴地指出自己的厄多斯数是3）。图中关联到厄多斯的人有268000位。图中还有84000个孤立节点（只有独著论文的研究者）和50000个有合著但与厄多斯没有关联的作者，这些人的厄多斯数为无穷大。

球项链

让两个球S_1和S_2相切，让另一个球S_3包围它们，在内部相切。我们一定可以构造6个球组成的项链，其中每个球都与旁边两个相邻球相切，并且还与S_1、S_2、S_3相切（图6.4）。

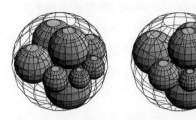

图6.4　球项链

事实上，一旦选定了项链的第一个球，就可以唯一确定剩下的球。6个球的球心共面，半径有如下关系：

$$\frac{1}{r_1} + \frac{1}{r_4} = \frac{1}{r_2} + \frac{1}{r_5} = \frac{1}{r_3} + \frac{1}{r_6}。$$

这个神奇的结论被归功于索迪（1937），但同其他许多数学结果一样，其实早就被注意到了。17世纪到19世纪之间，日本流行一种名为算额的数学问题，通常是几何问题。这些问题形式多样，被刻在木板上，挂在寺庙里和神社中。球项链问题最初是在1822年由矢泽博厚挂在神奈川县的寒川神社。

杨辉三角形中的六边形

这一章说了这么多六边形，但还没有见过用非几何的方式呈现的六边形。在杨辉三角形内部选一个数，也就是不要选1。然后计算周围6个数的乘积。例如，从第4行中间任选一个3，得到 $1 \cdot 2 \cdot 3 \cdot 6 \cdot 4 \cdot 1 = 144$。或者在第5行任选一个4，得到 $3 \cdot 1 \cdot 1 \cdot 5 \cdot 10 \cdot 6 = 900$。这两个乘积有什么共性呢？它们都是完美平方数。事实上，在杨辉三角形内部任选一个数，周围6个数的乘积都是平方数。

证明很容易，而且是基于一个更精致的结构。将周围的6个数分成两组，每组由3个不相邻的格子组成。例如，在图6.5中标出了两组数字 $\{6, 10, 35\}$ 和 $\{5, 20, 21\}$，两组的乘积是相等的。为了证明这个结论具有普遍性，假设被包围的数是二项式系数 $\binom{n}{r}$。

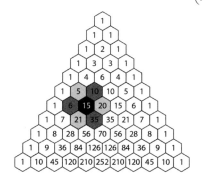

图6.5　浅灰色格子的乘积与深灰色格子的乘积相等

这样我们就可以比较周围两组二项式系数的乘积：

$$\binom{n-1}{r-1}\binom{n}{r+1}\binom{n+1}{r}$$
$$=\frac{(n-1)!}{(r-1)!(n-r)!}\cdot\frac{n!}{(r+1)!(n-1-r)!}\cdot\frac{(n+1)!}{r!(n+1-r)!}$$
$$=\frac{(n-1)!}{r!(n-1-r)!}\cdot\frac{n!}{(r-1)!(n+1-r)!}\cdot\frac{(n+1)!}{(r+1)!(n-r)!}$$
$$=\binom{n-1}{r}\binom{n}{r-1}\binom{n+1}{r+1},$$

从而证明了周围6项的乘积是平方数。

六贯棋

用六边形镶嵌平面十分流行，甚至还出现了一种很有趣的游戏：六贯棋。这种游戏最初是丹麦数学家皮特·海恩在1942年发明的，后来约翰·纳什（1994年诺贝尔经济学奖得主，奥斯卡最佳影片《美丽心灵》讲述的就是他的故事）又独立重新发明了这个游戏。这个游戏以前被称为"多边形"、"约翰"或"纳什"，帕克兄弟玩具公司在1952年以"六贯棋"的名字发布了这款游戏，后来就一直沿用至今。

图6.6 六贯棋

六贯棋是两人游戏，用的是六边形格子镶嵌的菱形棋盘（图6.6）。棋盘有多种规格，但一般认为11 × 11是标准的。每位棋手占据棋盘相对的两边，两人在棋盘格里交替落子，目标是从你的一边到另一边连出一条路径。

这个游戏有一个有趣的地方是，平局是不可能的，必定有一个人赢。你可以试着用相同数量的两种棋子随机填满棋盘，看是不是总会形成一条路径。最好不要尝试为两位棋手都构造一条路径。无论你喜不喜欢，必然会有一条路径会在某个时刻出现。有趣的是，这种无平局特性可以用来证明二维情形的布劳威尔不动点定理（第1章）。

显然先下的棋手会有优势，因此有时候会用所谓的"分饼规则"（或互换规则），在先下的棋手下了第一步棋之后，后下的棋手有权选择与先下的棋手交换位置。

温特行列式

数学家喜欢看到在自己的工作中出现了让人吃惊或违反直觉的结果，这让他们在穿越定理世界时体验到一种美妙的感觉。在这本书中很少见到的矩阵分析就有一些美丽的宝石可以呈现。

有一种特殊的$n \times n$矩阵称为循环行列式。假设矩阵的第1行已经给定。构造第2行的方法是将第1行的所有项右移一格，最后一项则绕回到第一个位置。第2行右移一格得到第3行，第3行右移一格又得到第4行，如此继续。如果执行正确，最后一行继续右移将得到第1行。因此矩阵由第1行唯一确定，我们可以用第1行的n个元素表示这个矩阵：$Circ(a_1, a_2, \cdots, a_n)$。循环行列式在许多数学领域都有应用，包括密码学和图论，其中一个典型应用是信号处理中的离散傅里叶变换。

19世纪末，温特在费马大定理和二项式系数的循环行列式之间建立了关联：

$$W_n = \begin{vmatrix} 1 & \binom{n}{1} & \binom{n}{2} & \cdots & \binom{n}{n-1} \\ \binom{n}{n-1} & 1 & \binom{n}{1} & \cdots & \binom{n}{n-2} \\ \binom{n}{n-2} & \binom{n}{n-1} & 1 & \cdots & \binom{n}{n-3} \\ \vdots & \vdots & \vdots & \ddots & \vdots \\ \binom{n}{1} & \binom{n}{2} & \binom{n}{3} & \cdots & 1 \end{vmatrix},$$

这其中的关联与 W_n 的因数有关，有时候会出现许多素因数，例如，如果 $n = p - 1$，其中 p 是奇数并且是素数，在这种条件下，p^{p-2} 是 W_{p-1} 的因数。

很显然，温特行列式的值增长得极快，因此数值计算任务艰巨。对 $n \leqslant 500$ 的情形已经进行了彻底的分解。一个有趣的模式将温特行列式与这一章关联起来：当且仅当 n 是6的倍数时，W_n 等于0。

6个几何长度

人们一般会认为，当一个场景中涉及的变量越多，则越不可能存在优雅的关系。然而，有3个优雅的几何定理涉及6个长度。有时候几乎需要借助第六感才能将这种关联变成现实。

塞瓦定理

在三角形内取任意一点，从这一点向3个顶点画直线，将每条边分成两部分，6个量 a、b、c、d、e 和 f（图6.7）满足 $ace = bdf$。

梅涅劳斯定理

与塞瓦定理类似，不过是从三角形的一条边往另一边的延长线作一条直线，等式是 $(a + b)ce = bdf$。

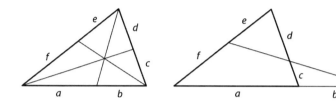

图6.7　塞瓦定理和梅涅劳斯定理

春木博定理

除了3个三角形，春木博还考虑了3个圆的交点之间的距离（图6.8）。他发现了等式 $ace = bdf$。

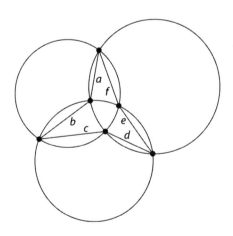

图6.8　春木博定理

第7章

整数7

> 7是最有魔力的数吗？
>
> —— *汤姆·里德尔，《哈利·波特与混血王子》，罗琳*

如果要求人们在1到10之间随便选一个数，7似乎是最受欢迎的数。虽然理由并不明显，7显然具有特殊的魅力和神秘，就连1/7的小数位也体现出优美的数学。我们将看到7对于乘法、听出鼓的形状和信号的同步有何特别之处，并且你不需要花上整个休息日来认识它。

七圆定理

圆在这本书中的戏分已经够重了，不过七圆定理还是不容错过。这个定理很初等——叙述和证明都不需要高等数学——但是一直到1974年才被发现。你会好奇像这样不用费什么劲的定理还有多少没被发现。

6个圆两两相切组成一条项链，并且所有这6个圆都与第7个圆相切。前面6个圆取相对的圆，在它们与第7个圆的切点之间作一条直线。七圆定理说的是这3条线相交于一点（图7.1）。无论第7个圆是内切、外切，还是两种情形混合，这个定理都成立。

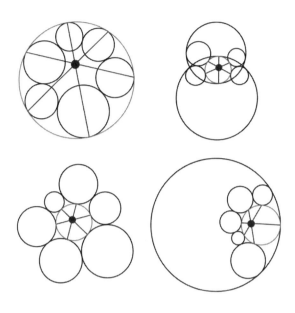

图 7.1　七圆定理

当 6 个圆位于原来的圆的外部时，七圆定理有一个有趣的特例。让其中间隔的 3 个圆的半径趋向无穷大（这会将这些圆变成直线），另 3 个圆的半径相应缩短，就可以形成与三角形的内切圆有关的一个结论。

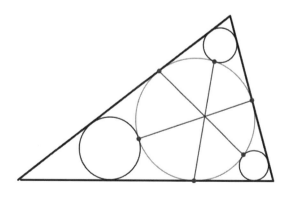

图 7.2　三角形中的圆

1/7的小数位和椭圆

7引人注意的一个特点是它的倒数：$1/7 = 0.\overline{142857}$。对任何 $n \geqslant 2$ 的整数，$1/n$ 的十进制展开的周期长度最多为 $n - 1$。如果某个素数 p 达到了这个最大周期，就称为长素数、黄金素数或最大周期素数。7 是最小的长素数。你可能会认为长素数很少，其实并不少。即便是小数字，要找长素数也不用纵横七海，前面几个长素数是7、17、19、23、29和47。事实上，据猜测有37.4%的素数都是长素数。阿廷常数

$$\prod_{p}\left[1-\frac{1}{p(p-1)}\right]$$

对长素数的比例给出了更精确的猜想，其中连乘是针对所有素数 p。不要被这么多数位吓住，我们可以欣赏一下数位中的规律。对于新手，可以看到

$$\frac{2}{7}=0.\overline{285714},$$

$$\frac{3}{7}=0.\overline{428571},$$

$$\frac{4}{7}=0.\overline{571428},$$

$$\frac{5}{7}=0.\overline{714285},$$

$$\frac{6}{7}=0.\overline{857142}。$$

对所有这些分数，数位的长度都保持不变。

不过更有趣的是，这些数位可以用来构造特殊的椭圆。椭圆方程的通用形式是 $Ax^2 + Bxy + Cy^2 + Dx + Ey + F = 0$。因为方程可以缩放，所以还有5个自由度，也就意味着通常有一个椭圆会穿过5个点的集合。"通常"一词是用来规避包含以下6个点的椭圆：$(1,4)$、$(4,2)$、$(2,8)$、$(8,5)$、$(5,7)$和$(7,1)$，这7个点是取自1/7的重复数位。这个椭圆被称为七分之一椭圆，它的方程是

$$19x^2 + 36xy + 41y^2 - 333x - 531y + 1638 = 0 \text{。}$$

更让人难以置信的是，用点(14，28)、(42，85)、(28，57)、(85，71)、(57，14)和(71，42)还可以构造一个椭圆（图7.3）。它的方程是

$$-165104x^2 + 160804xy - 41651y^2 + 8385498x$$
$$-3836349y - 7999600 = 0\text{。}$$

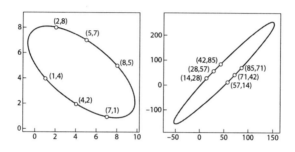

图7.3 两个七分之一椭圆

斯特拉森矩阵乘法

矩阵相乘是矩阵代数中最常用的计算。例如，2 × 2的旋转矩阵在计算机图形学中经常用到。每个学生都会学到，如果 A 和 B 定义为

$$A = \begin{bmatrix} a_{11} & a_{12} \\ a_{21} & a_{22} \end{bmatrix}, B = \begin{bmatrix} b_{11} & b_{12} \\ b_{21} & b_{22} \end{bmatrix},$$

则它们的乘积为

$$C = AB = \begin{bmatrix} a_{11}b_{11} + a_{12}b_{21} & a_{11}b_{12} + a_{12}b_{22} \\ a_{21}b_{11} + a_{22}b_{21} & a_{21}b_{12} + a_{22}b_{22} \end{bmatrix}\text{。}$$

可以看到要计算 AB，需要进行8次乘法和4次加法。由于乘法比加法需要耗费更多计算资源，因此减少乘法会很有意义，即便会多出几次加法也没关系。这种改进由斯特拉森在1969年提出，现在被称为

斯特拉森乘法。定义7个新的项，每一项刚好涉及一次乘法：

$$m_1 = (a_{11} + a_{22})(b_{11} + b_{22}),$$
$$m_2 = (a_{21} + a_{22})b_{11},$$
$$m_3 = a_{11}(b_{12} - b_{22}),$$
$$m_4 = a_{22}(b_{21} - b_{11}),$$
$$m_5 = (a_{11} + a_{12})b_{22},$$
$$m_6 = (a_{21} - a_{11})(b_{11} + b_{22}),$$
$$m_7 = (a_{12} - a_{22})(b_{21} + b_{22})。$$

这样矩阵C的项就能这样计算

$$c_{11} = m_1 + m_4 - m_5 + m_7,$$
$$c_{12} = m_3 + m_5,$$
$$c_{21} = m_2 + m_4,$$
$$c_{22} = m_1 - m_2 + m_3 + m_6。$$

有了这些中间项，就能通过7次乘法和18次加减法计算乘积AB。

斯特拉森乘法不限于2×2矩阵。如果两个矩阵的大小为$2^n \times 2^n$，则每个矩阵都可以分为4个$2^{n-1} \times 2^{n-1}$块。仍然可以应用斯特拉森乘法，不过不是针对4个数，而是这4块。事实上，这个过程可以递归应用于每一块，从而进一步减少乘法数量。如果是两个$N \times N$的矩阵相乘，可以将乘法的数量从大约N^3减少为$N^{\log_2 7} \cong N^{2.8}$。

对于乘法与加法的计算成本差不多的CPU架构，斯特拉森乘法只在矩阵很大时才会有效用，而且斯特拉森乘法所需的内存数量明显高于标准方法，因此采用这种方法时必须小心。

费诺平面

当说到"几何"时，许多人会想到平面上的几何（线、点、圆、矩形等）或三维结构，具有物理学思维的人会想到4维空间，其中加入了表示时间的维度。数学家以许多方式扩展了几何的概念，一个简单的分支是有限几何，研究的是只包含有限个点的几何场景。计算机屏幕上就只有有限个点，宇宙中也只有有限个粒子，这也许会让你认识到这个概念并不是不切实际。

让我们把注意力集中在射影空间，几何的常见规则被改变得更厉害，这种空间中的"直线"不一定是直的，但仍然将点连到一起。我们对这种空间的规定如下：

1. 对每一对点，都有唯一的直线连接它们，

2. 每一对直线都相交于唯一的一点，

3. 存在4个点，其中任意3点都不共线。

请注意第二条违反了我们对平行线的认识。当然，艺术家们在几个世纪前就将这个概念用于透视画法。最简单的有限投影空间的例子是费诺平面（图7.4）。它包含7个点和7条"直线"，每条线上有3个点，每个点穿过3条线（圆也是一条"直线"）。

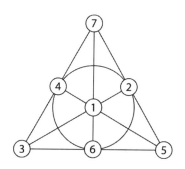

图7.4　费诺平面

费诺平面上的这7个点可以表示为7个非零的3位二进制数，这些数的位置不是偶然的，通过取任意两点，共线的第3点可以通过将两个数相加同时按位与2取模得到。这个过程可以视为忽略进位的二进制加法。以共线的3、5、6为例，将其中任意两个数的二进制数相加并

忽略进位，都能得到第3个数。

$$011+101=110,$$
$$101+110=011,$$
$$110+011=101。$$

费诺平面的7条直线可以用7个非零的3位二进制数进行区分。方法是选取与直线上的每个数进行点乘然后与2取模结果为零的唯一三元组[(a, b, c)与(d, e, f)的点乘写作$(a, b, c) \cdot (d, e, f)$，结果为$ad + be + cf$]。例如，包含3、4、7的直线记为二进制数011，因为

$$\left(0,1,1\right)\cdot\left(0,1,1\right)\equiv 0\left(\bmod 2\right),$$
$$\left(0,1,1\right)\cdot\left(1,0,0\right)\equiv 0\left(\bmod 2\right),$$
$$\left(0,1,1\right)\cdot\left(1,1,1\right)\equiv 0\left(\bmod 2\right)。$$

费诺平面一个有意思的应用是特兰西瓦尼亚彩票。对每张彩票，玩家在1到14之间选3个数，抽奖也是在1到14之间选3个数。如果猜中了至少2个数，彩票就赢了。一个基本问题是，在所有的$C_{14}^3=364$种可能中，至少多少张彩票才能保证赢？答案是14。下面就是能赢的彩票数字：

$$1-2-3, \quad 1-4-5, \quad 1-6-7, \quad 2-4-6, \quad 2-5-7,$$
$$3-4-7, \ 3-5-6, \ 8-9-10, \ 8-11-12, \ 8-13-14,$$
$$9-11-13, \ 9-12-14, \ 10-11-14, \ 10-12-13。$$

不难发现每一对数都出现在其中一张彩票上。根据鸽笼原理，抽取的3个数要么有两个数是小数字（1到7），要么有两个数是大数字（8到14）。前面7张彩票包含了任意小数字对刚好一次，后面7张彩票包含了任意大数字对刚好一次。为什么这个方法有效？请注意费诺平面上的每一对点都有一条直线通过。对于小数字，我们只需选择与这7条线对应的三元组，将小数字彩票上的每个数加7，就得到了7张大数字彩票。这14个三元组覆盖每种数字对刚好一次。

边线花纹

在油漆了餐厅后，你的搭档问你如何处理天花板的边线。这种边线通常是周期性的，以固定的间隔不断重复。在线搜索了许多花纹后，你注意到，除了重复的对称性，一些花纹还有其他对称性。事实上，所有花纹都可以分为 7 种可能中的一种。这些花纹被称为饰带群。表 7.1 描绘了这 7 种通用花纹。

表 7.1　饰带花纹

名称	描述	图例
单足跳	只有平移	
侧身走	平移和沿一些垂线反射	
跳	平移和沿水平线反射。这两种对称可以组合在一起表现出滑移反射	
行走	平移和滑移反射。你可以看出跳和行走的区别吗	
旋转单足跳	平移和围绕水平线上的某些点旋转 180°	
旋转侧身走	除了侧身走对称，还有滑移反射和围绕水平线上的某些点旋转 180°	
旋转跳	这个具有一切：平移、垂直、水平反射、滑移反射和旋转 180°	

希洛西七面体和希伍德图

球和正四面体有何共同之处？显然，球是平滑表面，正四面体则是有4个面的多面体。不过，从拓扑的观点看，两者是一样的。球——想象成一团橡皮泥——不用掰开或挖洞就能捏成四面体。

我们能对环面做同样的操作吗？也就是说，有没有多面体和环面具有相同的拓扑？有很多种可能，但哪种的面最少呢？1977年，劳约什·希洛西发现了一种与环面拓扑等价的七面体（图7.5）。希洛西七面体具有7个面、14个点和21条边，有意思的是，每个面都与其他所有面共边，除此之外唯一具有这种特性的多面体就只有四面体了。

表示这种多面体的图被称为希伍德图。要从这个正方形得到环面，首先将左右两边卷起来形成一根垂直的管子（你应当可以看出两边的图案对得上），然后弯曲管子，将两条圆环边黏在一起。显然，这个图与希洛西七面体有相同数量的点、面和边。不过嵌在环面上时却没有交错。这个图的发现者培西·希伍德在1890年证明了，环面无论怎样划分成多面体，多面体都可以用最多7种颜色着色。由于希伍德图需要7种颜色（图7.5），这也证明了希伍德定理无法再改进。取希伍德图的对偶，可以发现另一种与环面具有相同拓扑的多面体。这种多面体由另一位匈牙利数学家阿科斯·恰萨尔在1949年发现，恰萨尔多面体具有7个点、21条边和14个三角形面。

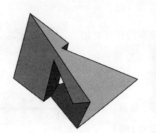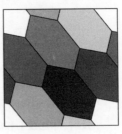

图7.5　希洛西七面体和希伍德图

1890 年，早在证明四色定理之前，希伍德就开始思考嵌在有 g 个洞的环面上的图的着色问题。他证明有 g 个洞的曲面上的所有图所需的最少颜色数量是

$$\left\lfloor \frac{7+\sqrt{1+48g}}{2} \right\rfloor,$$

环面是 $g = 1$ 的特例。

库拉托夫斯基十四集定理

设 S 是实数轴的子集。我们想知道，如果交替进行闭和补两种操作，可以构造出多少不同的集合。什么意思呢？集合 S 的补指的是实数轴上所有不属于 S 的点。闭的概念则有点复杂。我们来看一个例子。设 $S = [0,1)$ 是 $0 \leqslant x < 1$ 的点 x 组成的集合。点序列 0.9, 0.99, 0.999, $\cdots$, 都属于 S，可以无限逼近点 1，但 $x = 1$ 不属于 S。这意味着 $x = 1$ 是集合 S 的极限点。我们可以沿另一个方向定义点序列 0.1, 0.01, 0.001, $\cdots$, 无限逼近 $x = 0$，但由于 0 属于 S，因此 0 不是 S 的极限点。那集合的闭是什么意思呢？它是集合 S 加上它所有的极限点构成的集合，因此 $[0,1)$ 的闭是 $[0,1]$。

现在回到用闭和补构造新集合的问题。不难看出 S 的补的补就是 S，重复的补操作就好像在屏幕上的两个窗口间来回切换。而闭的操作不那么明显，但可以相信的是，一旦进行了 S 的闭的操作，再进行闭操作不会增加新的点。也就是说，如果你把集合的极限点加入集合中，再进行闭操作不会增加新的点。用 c 表示闭操作，k 表示补操作，可以得到

$$kkS = S, \tag{7.1}$$

和

$$ccS = cS。 \tag{7.2}$$

有了这两个等式，用闭和补操作构造新集合的唯一途径就只能是对S交替应用c和k操作。当然，这个可以无限继续，不过我们还有另一个有用的等式：$ckcS = ckckckcS$。这个解释起来比闭更加困难。集合的内部，记为iS，可以（不严格地）认为是集合S减去其边界点，这可以形式化地定义为$iS = kckS$。例如，$[0, 1)$的内部是$(0, 1)$，点$x = 0$被去掉。由于集合$ckcS$的内部包含在集合自身，因此有$kckckcS \subseteq ckcS$。两边进行闭操作，并利用$cc = c$，可以得到$ckckckcS \subseteq ckcS$。另一方面，$kckcS \subseteq cS$，因为$kckcS$是cS的闭。因此有$ckckcS \subseteq cS$，$kckckcS \supseteq kcS$和$ckckckcS \supseteq ckcS$。从而可得

$$ckckckcS = ckcS。 \tag{7.3}$$

利用式(7.1)–(7.3)可以证明，从S出发最多可以构造出14种不同的可能集合：

$$S, kS, ckS, kckS, ckckS, kckckS, ckckckS, kckckckS, cS, kcS,$$
$$ckcS, kckcS, ckckcS, kckckcS。$$

注意c和k最多的应用次数是7。这个结果于1922年被证明，被称为库拉托夫斯基十四集定理。

还有一个问题没有解决。前面的推理证明最多能构造14个不同的集合。有没有这14个集合都不同的例子？毕竟，一些集合可能会相同。例如，如果从$S = [0, 1) \cup [2, 3)$开始，我们发现只有6种可能集合：

$$S = [0,1) \cup [2,3),$$
$$cS = [0,1] \cup [2,3],$$
$$kcS = (-\infty,0) \cup (1,2) \cup (3,\infty),$$
$$ckcS = (-\infty,0] \cup [1,2] \cup [3\ \infty),$$
$$kckcS = (0,1) \cup (2,3),$$
$$kS = (-\infty,0) \cup [1,2) \cup [3,\infty)。$$

要让所有14个集合都不同，需要一个发烧友级的集合S。你能找到吗？答案见第10章。

你能听出鼓的形状吗?

母亲如何分辨自己孩子的声音? 乐队指挥如何分辨乐团的乐器声? 被捕食的动物如何分辨丛林中的危险? 答案是每种声音都有自己独有的特征。是这样吗? 1966年,数学家马克·凯克想知道两种不同形状的鼓面是否可以通过声音分辨。

鼓面振动产生声音,振动可以分解成不同成分 —— 它们被称为调式 —— 每种振动都有自己的频率,这个频率的集合被称为鼓的频谱。调式和频率可以用偏微分方程建模。如果 D 是鼓面的形状,亥姆霍兹方程

$$\frac{\partial^2 u}{\partial x^2} + \frac{\partial^2 u}{\partial y^2} + \lambda u = 0 \tag{7.4}$$

的解 $u = u(x, y)$ 就是振动的调式。

频率用希腊字母 λ 表示,函数 $u(x, y)$ 表示鼓面相对其平衡位置的高度。由于鼓面被钉在鼓的周沿,因此有 $u = 0$。

数学上最简单的情形是区域 D 为正方形。在这种特定的场景下,可以用三角函数给出具体的调式(更复杂的鼓面通常无法给出封闭形式的表示)。设正方形的边长为1,可以用函数 $\sin(m\pi x)\,\sin(n\pi y)$ 给出一些调式,其中 m 和 n 是正整数。沿着4条边线 —— $x = 0$,$x = 1$,$y = 0$ 或 $y = 1$ —— 调式等于0。利用式(7.4)可以求出频率 λ 等于 $\pi^2(m^2 + n^2)$。图7.6给出了一个例子。请注意相同频率可能有两种不同的调式。例如,当 $(m, n) = (1, 8)$、$(8, 1)$、$(4, 7)$ 和 $(7, 4)$,都会产生频率 $65\pi^2$。相同频率的调式可以组合产生新的调式(都具有相同频率)。

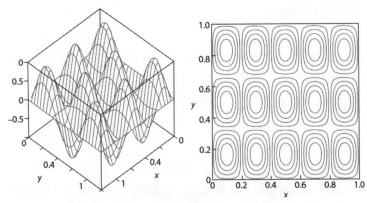

图7.6 振动的调式和等高线图，$m = 5$，$n = 3$

在尝试将不同的调式可视化时，德国物理学家恩斯特·克拉德尼（1756—1827，被称为"声学之父"），研究了金属薄板的振动。在金属板边沿上拉小提琴弓，让薄板进入共振。对于大多数调式，正方形区域内部有一些地方的调式高度始终等于0。这些"死点"组成的曲线被称为波节线，波节线以外的点会上下振动。克拉德尼在驱动薄板之前在板上撒了一层沙子，当板子被驱动进入共振时，沙子会在板子上跳动，并移动到波节线上，因为波节线不动。这个过程会展示出漂亮的波节线花纹（图7.7）。

图7.7 振动的板子上沙子形成的花纹

现在回到凯克的问题，他问的其实是："两个不同形状的鼓面会有相同的频谱吗？"如果有，我们就说这两个形状是等谱。数学分析证明等谱形状必定在某些方面是一样的，包括具有相同的面积和周长。由于频谱是无穷尽的——有无穷多泛音——因此等谱形状具有无穷多种共性。可以合理地推测所有这些共性会使得两种不同的形状无法等谱。毕竟，如果看上去像鸭子，叫起来像鸭子，飞起来像鸭子，那就应当是鸭子，难道不是吗？让人吃惊的是，答案是否定的。

1992 年，卡洛琳·戈登、大卫·韦伯和斯科特·沃伯特证明了存在等谱形状。他们的证明使用了高级数学工具，并且依赖砂田定理，这个定理给出的条件能确保两个形状是等谱的。图 7.8 是他们给出的一个具体例子，可以看到每个形状是由 7 个全等的直角三角形拼贴而成的，这不是巧合，其他研究者进一步研究了这个例子，并且发展出了用一种形状的调式构造另一种形状的调式的相对简单的程序。这个方法能起作用是因为 7 个三角形以一种类似费诺平面上 7 个点的方式连接。事实上，其他等谱形状可以通过与其他投影空间的连接相匹配来构建，于是，一些抽象代数结构的特性可以用来回答似乎毫不相干的声学问题。

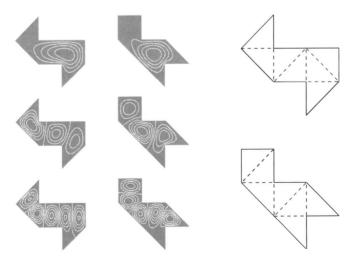

图 7.8　两种等谱形状的振动调式及分解为 7 个全等三角形

巴克码

假设有两台设备发送相同的信号，但是人们担心会不同步。要检验这一点，最好是有某个简单的测试能对同步和不同步信号进行标记，这时巴克码就可以派上用场了。巴克码由 $+1$ 和 -1 组成，如果编码有 n 项，则编码 $\{a_j\}$ 移 k 位后的自相关函数定义为

$$c_k = \sum_{j=1}^{n-k} a_j a_{j+k}。$$

例如，如果编码为 $a_1 = 1$，$a_2 = 1$，$a_3 = -1$，$a_4 = 1$，则

$$c_0 = 1 \cdot 1 + 1 \cdot 1 + (-1) \cdot (-1) + 1 \cdot 1 = 4,$$
$$c_1 = 1 \cdot 1 + 1 \cdot (-1) + (-1) \cdot 1 = -1,$$
$$c_2 = 1 \cdot (-1) + 1 \cdot 1 = 0,$$
$$c_3 = 1 \cdot 1 = 1。$$

注意到自相关峰值 $(k = 0)$ 为 4，自相关非峰值 $(k > 0)$ 为 -1、0 和 1。这是巴克码的一个例子：自相关峰值等于 n，非峰值则位于集合 $\{-1, 0, 1\}$。由于巴克码的自相关峰值和非峰值之间有剧烈变化，因此对于两个信号是否同步能够给出很强的证据。

例子中给出的巴克码可以记为 $\{+ + - +\}$，还可以构造出哪些巴克码呢？注意到巴克码可以转化生成其他巴克码，通过求和操作可以证明，如果 $\{a_k\}$ 是长度为 n 的巴克码，则 $\{-a_k\}$、$\{a_{n-1-k}\}$ 和 $\{(-1)^k a_k\}$ 也是。不考虑这些的话，已知的巴克码只有 7 个（表 7.2）。

表 7.2	7 个已知的巴克码
n	巴克码
2	++
3	++–
4	+++–

n	巴克码
5	+++-+
7	+++--+-
11	+++---+--+-
13	+++++--++-+-+

已经证明 n 为奇数的巴克码都已经找到了，但是不知道是不是还有更多的 n 为偶数的巴克码。如果还存在其他巴克码，理论和数值研究已经证明了 $n > 2 \cdot 10^{30}$。除此之外还有一种可能：

$$n = 189\ 260\ 468\ 001\ 034\ 441\ 522\ 766\ 781\ 604。$$

趣味数学

这本书拒绝选用那些与数有关但没有实质数学关联的事实。有时候一些谜题或游戏与数学 —— 通常是算术 —— 有一些肤浅的关联，但是缺乏深刻的理论支撑。数学家通常会看不起这种思维练习，认为两者之间的差别就好比枪战追逐剧与奥斯卡级别的艺术创作的差别。当然趣味数学本身的部分目的就是找乐子 —— 不然怎么叫趣味呢？ —— 而且就算最好的数学家也会承认一开始用来好玩的东西也有可能演化成某种相当复杂（同时仍然还有趣）的东西。

例如古老的童谣，《在去圣艾维斯的路上》：

在去圣艾维斯的路上，
我遇见一个男人，
他有七个太太，
每个太太有七个布袋。
每个布袋有七只大猫，
每只大猫有七只小猫，
小猫，大猫，布袋，太太，
到底有多少人要去圣艾维斯？

这个童谣可以当作几何级数问题的启蒙。数学中有许多这种从玩乐性质的探索发展丰富为研究领域的例子：机遇游戏发展为概率论，康威的生命游戏（第8章介绍）推动了元胞自动机的发展。甚至微积分的共同发明者莱布尼茨，在1715年的一封信中都写道，"没有比发明游戏更能体现人的天赋的了"。欧拉研究了哥尼斯堡七桥问题：有没有可能经过每座桥刚好一次（图7.9）？这个简单的问题发展成了图论研究。

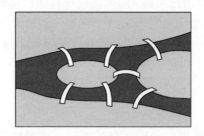

图7.9　哥尼斯堡七桥问题

作为趣味数学的最后一曲，思考一个与7次幂有关的有趣等式：

$$1^7+4^7+4^7+5^7+9^7+9^7+2^7+9^7 = 14459929。$$

你能找到其他幂的类似等式吗？提示：尝试3次幂。答案在第10章。

积分实验

构造一个定理的形式化证明可能完全不同于定理的发现过程，数学家对于简洁美观的证明很得意，但有时候其中的过程漫长而曲折，让人不堪回首。在发表的文章中，通常只会给出高度精简的证明，让读者体会不到结果最初是如何构想出来的。大多数数学家都会同意好的证明应该简洁，但人们会奇怪为何为了简洁的名义就要牺牲掉事物的清晰。即便"数学王子"高斯也痛恨自己的发现过程的繁杂。阿贝尔说："他[高斯]就像一只狐狸，用尾巴扫沙子将自己的足迹掩埋起来（Simmons, *Calculus Gems*, p. 177）。"高斯为自己的风格辩护，说"有自尊心的建筑师不会在建筑完工之后留下脚手架"。

在实践中，许多数学家在尝试猜想时都会进行大量实验，他们的伟大思想并不是无中生有，沉浸在一个问题中时往往是不断拨弄数字培养皿。实验数学的新兴模式是用计算机代数系统研究新的现象，高效利用计算机帮助人们猜想、验证和证否，甚至偶尔会证明数学命题。就连高斯也承认他的研究方法是"通过系统性实验"（《实验数学》期刊的《哲学和发表原则申明》）。计算机出现以后，研究者们与数值和符号软件结合得越来越紧密了。

通过实验数学已经发现了许多有意思的结果。式（2.1）（第2章）的BBP级数就是用数值和符号方法相结合生成具有新性质的公式的漂亮例子。不过需要磨炼自己的细心，有些很明显的模式到最后却是虚妄。考虑积分

$$\int_0^\infty \frac{\sin x}{x} \mathrm{d}x = \frac{\pi}{2},$$

函数 $\sin x/x$，有时候也称为 sinc 函数，在数字信号处理中扮演了重要角色。一些类似的积分都有相同的值：

$$\int_0^\infty \frac{\sin x}{x} \frac{\sin(x/3)}{x/3} \mathrm{d}x = \frac{\pi}{2},$$

$$\int_0^\infty \frac{\sin x}{x} \frac{\sin(x/3)}{x/3} \frac{\sin(x/5)}{x/5} \mathrm{d}x = \frac{\pi}{2},$$

$$\int_0^\infty \frac{\sin x}{x} \frac{\sin(x/3)}{x/3} \frac{\sin(x/5)}{x/5} \frac{\sin(x/7)}{x/7} \mathrm{d}x = \frac{\pi}{2},$$

$$\int_0^\infty \frac{\sin x}{x} \frac{\sin(x/3)}{x/3} \frac{\sin(x/5)}{x/5} \frac{\sin(x/7)}{x/7} \frac{\sin(x/9)}{x/9} \mathrm{d}x = \frac{\pi}{2},$$

$$\int_0^\infty \frac{\sin x}{x} \frac{\sin(x/3)}{x/3} \frac{\sin(x/5)}{x/5} \frac{\sin(x/7)}{x/7} \frac{\sin(x/9)}{x/9} \frac{\sin(x/11)}{x/11} \mathrm{d}x = \frac{\pi}{2},$$

$$\int_0^\infty \frac{\sin x}{x} \frac{\sin(x/3)}{x/3} \frac{\sin(x/5)}{x/5} \frac{\sin(x/7)}{x/7} \frac{\sin(x/9)}{x/9} \frac{\sin(x/11)}{x/11} \frac{\sin(x/13)}{x/13} \mathrm{d}x = \frac{\pi}{2}.$$

人们忍不住会猜测这7个积分属于一种普适性的模式。然而，计算机对下一个积分给出了不同值：

$$\int_0^\infty \frac{\sin x}{x}\frac{\sin(x/3)}{x/3}\frac{\sin(x/5)}{x/5}\frac{\sin(x/7)}{x/7}\frac{\sin(x/9)}{x/9}$$

$$\times\frac{\sin(x/11)}{x/11}\frac{\sin(x/13)}{x/13}\frac{\sin(x/15)}{x/15}\mathrm{d}x$$

$$=\frac{467\,807\,924\,713\,440\,738\,696\,537\,864\,469}{935\,615\,849\,440\,640\,907\,310\,521\,750\,000}\pi$$

$$\approx 0.499999999992647\pi。$$

发现这个事实的研究者怀疑是不是程序有错误，然而事实是积分是正确的。这个变化的解释有一点专业性，不过关键原因是 $\frac{1}{3}+\frac{1}{5}+\cdots+\frac{1}{13}<1$，而如果再加下一项 $\frac{1}{15}$，求和结果就会超过1，从而使得积分的值变得不一样。这个例子警醒我们不要太快、太草率地下结论。有一句话据说是著名经济学家凯恩斯说的："如果事实改变了，我就改变我的想法。你会怎样做呢，先生？"

第8章

整数8

> 电话接线员应当工作8小时睡8小时——但不是同样的
> 8小时。
>
> ——1921年9月28日，韦恩堡《新闻前哨》

整数8的触角延伸到了很多地方，从美味的披萨问题到有趣的生命游戏和高耸的 E_8。就像章鱼的触角一样，整数8会用完美的洗牌和美丽的塞宾斯基毯抓住你。尽情享受吧！

披萨问题

雅克布和卢卡斯烤了一个圆形披萨，准备开始享用。雅克布要卢卡斯把披萨分成8等份，先标出中心点，然后通过中心点划4刀，每刀间隔45°。卢卡斯已经饿坏了，但还是照着做了，不过在找中心点的时候偏了许多，结果分出来的披萨既有巨人族尺寸，也有矮人族尺寸。卢卡斯心想坏了，但很快又有了微笑。他想起了披萨定理：如果他们轮流拿，两人的披萨就会一样多。图8.1给出了漂亮的图形证明。

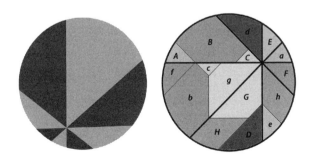

图8.1　披萨定理和证明

洗牌

一副标准扑克牌要洗多少次才能确保洗好了？对于大多数人来说，三四次似乎就足够了，一些人会多洗几次，不过大多数扑克牌老手都知道这不够。聪明的赌徒和桥牌手会利用洗牌前的情况获取没有充分洗好的牌的信息，从而他们也会赢得更多。

要洗匀扑克牌需要洗多少次呢？我们先解释一下洗一次的意思是一次随意地交替洗牌。1992年，研究者用计算机仿真了这个问题，并猜想7次就可以洗匀扑克。后来，他们给出了细致的数学证明，也认为再继续洗不会显著地提高均匀度。

但如果是完美洗牌呢？一次完美的交替洗牌——有时候也称为完美洗牌——是将扑克等分两份，然后从顶上开始各取一张交替叠放。例如一叠扑克牌 $\{1, 2, 3, 4, 5, 6, 7, 8\}$，通过一次完美洗牌后交替叠放为 $\{1, 5, 2, 6, 3, 7, 4, 8\}$。可以证明8次完美洗牌会让52张的标准扑克回到开始时的顺序。要从数学上认识这一点，只需注意到：如果一张扑克开始时的位置是 k，一次完美洗牌后，如果 $k \leqslant 26$，它的位置将是 $2k - 1$，如果 $k > 26$，则是 $2k - 52$。例如从位置5开始的牌的位置变化是：

$$5 \rightarrow 9 \rightarrow 17 \rightarrow 33 \rightarrow 14 \rightarrow 27 \rightarrow 2 \rightarrow 3 \rightarrow 5,$$

整副牌的变化参见图8.2所示。

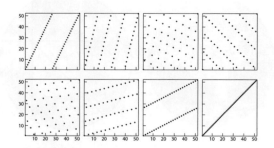

图8.2 一副扑克牌的8次完美洗牌。横轴是扑克牌的数字，纵轴是牌的位置

生命游戏

经典应用数学的世界里经常写满了微分方程，这是微积分的一个分支。用这种方程对各种现象进行建模取得了巨大的成功，例如流体、弹性力学和宇宙学。这个方法的核心是假定在无穷小 —— 可以认为是亚微观 —— 层面上有某个物理定律在起支配作用。

不过在许多现象中，支配规律只在宏观层面上有意义。虽然微分方程也被用于研究交通流和人口增长，但这些场景中基本的对象 —— 汽车和人 —— 是离散物体。研究离散场景中的规律可能会更有意义。汽车是不是仅仅依据前车位置减速？哪些因素会影响人类的生育率？在群聚生物的数学模型中 —— 可以是鱼，鸟，昆虫，等 —— 数学家在对群落活动进行建模时使用局部（可以认为是"身边"）性质。其中包括与你旁边的生物保持相同的运动方向，接近它们，但不要撞上。20世纪40年代，数学大师乌拉姆和冯·诺伊曼从抽象层面上研究了这种离散的邻近模型。这种模型称为元胞自动机，计算机科学家和理论生物学家对此都有研究。元胞自动机（CA）由元胞格子组成，每个格子都有有限种状态。一旦规定了CA的演化规则，就可以研究这种系统的长期行为。

冯·诺伊曼想知道在CA中是不是有某种初始状态的一部分能够复制自身。他的确创造了一个复杂的例子实现了他的目的，但CA得到广泛关注是在约翰·康威发明了现在所谓的生命游戏之后（不要与布莱德利发明的棋盘游戏相混淆）。康威的生命游戏在1970年被发明出来之后，在1970年10月的《科学美国人》上，马丁·加德纳在"数学游戏"专栏对其进行了介绍，从而变得广为人知。

生命游戏的规则十分简单，却能够展现出复杂迷人的现象。在一个矩形格子上，每个元胞都有8个邻居，这些邻居有时候也称为元胞的摩尔近邻（图8.3）。

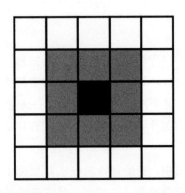

图8.3　生命游戏的摩尔近邻

在每一代，元胞可以是开或关——活或死。下一代每个元胞的状态由它和它的邻居的当前状态决定：

- 如果一个活元胞活着的邻居少于2个，则死去（人口过稀）。

- 如果一个活元胞有2个或3个活着的邻居，则存活。

- 如果一个活元胞活着的邻居大于3个，则死去（人口过密）。

- 如果一个死元胞刚好有3个活着的邻居，则活过来（繁殖）。

生命游戏因为能够生成各种迷人的图案而很快流行起来。这些图案（图8.4）有的不变（"块体"、"船"和"蜂巢"），有的在有限步迭代后重复（"闪光灯"和"癫蛤蟆"），有的会错位重复自身，因此看起来好像在网格上移动（"滑翔机"和"太空船"）。一些图案会像蘑菇一样变得很大，但最终会崩溃，什么都没留下。康威猜测没有有限的图样能无限生长。这个让人怀疑的约束被"滑翔机枪"的构造去除，这种图样能够摆动自身并定期发射出滑翔机，飞往无穷远处。另一个例子是"喷烟火车"，它像滑翔机一样能够错位复制自身，但身后会留下痕迹。

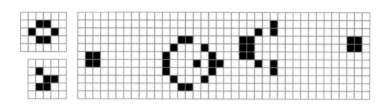

图8.4　生命游戏的图样：蜂巢、滑翔机和滑翔机枪的四个部分

对于理论计算机科学家来说，生命游戏不仅仅是能生成漂亮的图样。通过以创造性的方式利用滑翔机创造或摧毁其他对象，就能模拟与、或和非等逻辑运算。这意味着只要没有内存和时间限制，计算机能做的事情，生命游戏也能做。

生命游戏也启发了在混沌理论、哲学和生物学中研究涌现现象的学者，这个领域研究的是简单规则如何导致复杂的现象。自然界中有一个涌现的例子就是蚁群。每只蚂蚁都是通过接收近邻蚂蚁和局部环境的刺激，而不是通过蚁后或蚁群的某种层级命令来选择自己的职责。这引出了一个问题：自然界存在导致自组织系统的简单规则吗？

杨辉三角形的重复

在研究了多个世纪之后，杨辉三角形依然不断有新的发现和谜题。其中一个问题与重复值有关。当然，在杨辉三角形中整数1会无穷重复，它构成了两边的边界。其他数字 n 都只会出现最多有限多次，因为它的位置不能超过第 n 行。

任何不在杨辉三角形最外两层的数字都会出现至少3次，通常是4次。例如

$$15=\binom{6}{2}=\binom{6}{4}=\binom{15}{1}=\binom{15}{14}。$$

要找到出现次数更多的数字则不那么容易。出现6次的例子包括

$$120=\binom{120}{1}=\binom{120}{119}=\binom{16}{2}=\binom{16}{14}=\binom{10}{3}=\binom{10}{7},$$

和

$$1540=\binom{1540}{1}=\binom{1540}{1539}=\binom{56}{2}=\binom{56}{54}=\binom{22}{3}=\binom{22}{19}。$$

辛马斯特——因为提出了被广泛使用的解魔方而著名——证明了在杨辉三角形中有无穷多个至少出现了6次的数字。对于某个正整数 i，令 $N=\begin{pmatrix} F_{2i+2} & F_{2i+3} \\ F_{2i} & F_{2i+3} \end{pmatrix}$，其中 F_n 是第 n 个斐波那契数。则

$$\binom{N}{1}=\binom{N}{N-1}=\binom{F_{2i+2}\ F_{2i+3}}{F_{2i}\ F_{2i+3}}=\binom{F_{2i+2}\ F_{2i+3}-1}{F_{2i}\ F_{2i+3}+1}$$
$$=\binom{F_{2i+2}\ F_{2i+3}}{F_{2i+1}\ F_{2i+3}}=\binom{F_{2i+2}\ F_{2i+3}-1}{F_{2i+1}\ F_{2i+3}-2}。$$

整数3003出现了8次：

$$3003=\binom{3003}{1}=\binom{3003}{3002}=\binom{78}{2}=\binom{78}{76}$$
$$=\binom{15}{5}=\binom{15}{10}=\binom{14}{6}=\binom{14}{8}。$$

辛马斯特猜想在杨辉三角形中大于1的数字 n 的出现次数存在上界，他认为可能是10或12，但还没有找到出现次数大于8的例子。

谢尔平斯基毯

20世纪80年代是分形领域发展的年代，只需要很简单的程序就能生成分形，再加上计算机的迅速发展，使得分形在专家和业余爱好者中间都很受欢迎。谢尔平斯基毯就是流行的图案之一。从一个正方形开始，划分成9个相等的小正方形，然后将中间的小正方形拿掉，对剩下的8个小正方形进行相同的操作，不断重复。极限几何图形就

是所谓的谢尔平斯基毯（图 8.5）。这个物体的面积为 0 但有无穷长的边界。分形的自相似性可以帮助设计天线。

　　谢尔平斯基毯可以视为第 1 章遇到的康托尔集的二维推广。如果以基数 3 写出方格 [0，1）× [0，1）中的点，谢尔平斯基毯是将相同位置上为整数 1 的点去除。谢尔平斯基毯经常会被它的三角形表兄弟谢尔平斯基镂垫片抢了风头。不过，毯具有特别的拓扑属性：任意一维图形在毯中都可以找到对应像。例如，任意火柴图或树形图都能在谢尔平斯基毯中找得到，只是有些弯折和缩放。在这个意义上，谢尔平斯基毯是普适性的。

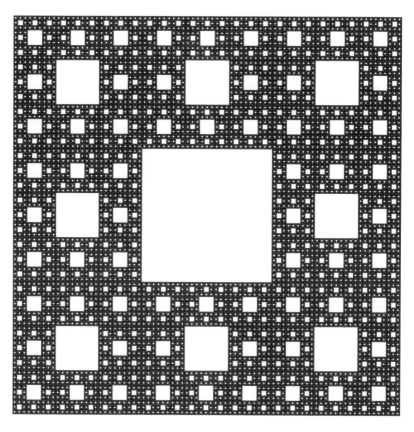

图 8.5　谢尔平斯基毯

四元数和八元数

解一元二次方程 $ax^2 + bx + c = 0$ 的求根公式中会出现复数，复数的平方根虽然初看上去让人不安，实数还是可以漂亮地扩展到这个更广义的系统。我们可以用简单的运算操作复数，例如，加、减、乘、除、开方、指数、对数，等，结果依然是复数。乘的基本公式

$$(a + ib) \cdot (c + id) = (ac - bd) + i(bc + ad)$$

可以与其共轭相乘得到第2章见到的婆罗摩笈多—斐波那契恒等式：

$$\left(a^2 + b^2\right)\left(c^2 + d^2\right) = \left(ac - bd\right)^2 + \left(ad - bc\right)^2, \qquad (8.1)$$

其中 a、b、c 和 d 是任意实数。

如果除了1和 i，再加上其他"数"，能不能构造出具有有趣性质的更大空间呢？爱尔兰数学家威廉·罗文·哈密顿花了多年寻找这样的空间，但是失败了。不过他沿着这个思路提出了四维代数的思想，并称之为四元数。在这种代数中，有3个不同的虚数 i、j 和 k 使得 $i^2 = j^2 = k^2 = -1$。表8.1列出了这4个元素 $\{1, i, j, k\}$ 的所有可能乘积。

表8.1　　　　　　　　四元数乘法表

×	1	i	j	k
1	1	i	j	k
i	i	−1	k	–j
j	j	–k	−1	i
k	k	j	–i	−1

任意四元数 x 可以表示为 $x = a + bi + cj + dk$，其中 a、b、c 和 d

是实数。表8.1可以用来将两个四元数相乘：

$$x_1 \cdot x_2 = \left(a_1 + b_1 i + c_1 j + d_1 k\right) \cdot \left(a_2 + b_2 i + c_2 j + d_2 k\right)$$
$$= a_1 \cdot \left(a_2 + b_2 i + c_2 j + d_2 k\right) + b_1 i \cdot \left(a_2 + b_2 i + c_2 j + d_2 k\right)$$
$$+ c_1 j \cdot \left(a_2 + b_2 i + c_2 j + d_2 k\right) + d_1 k \cdot \left(a_2 + b_2 i + c_2 j + d_2 k\right) \qquad (8.2)$$
$$= \left(a_1 a_2 - b_2 b_2 - c_1 c_2 - d_1 d_2\right) + \left(a_1 b_2 + b_1 a_2 + c_1 d_2 - d_1 c_2\right) i$$
$$+ \left(a_1 c_2 - b_1 d_2 + c_1 a_2 + d_1 b_2\right) j + \left(a_1 d_2 + b_1 c_2 - c_1 b_2 + d_1 a_2\right) k。$$

你可能还没有注意到，四元数相乘的顺序对结果有影响。例如，根据表8.1有 i · j = −j · i。如果乘法的顺序不同会导致结果不同，我们就说这种代数是不可交换的。

四元数的后面三个成分构成所谓的向量部分。由于这部分是三维的，因此四元数结构可以用来描述三维空间的几何。例如，叉乘 —— 将两个三维向量乘到一起 —— 的包卷结构就与四元数结构有直接关系。

将式（8.2）与其共轭相乘，可以得到第4章中遇到的欧拉四平方恒等式：

$$\left(a_1^2 + b_1^2 + c_1^2 + d_1^2\right) \cdot \left(a_2^2 + b_2^2 + c_2^2 + d_2^2\right)$$
$$= \left(a_1 a_2 - b_1 b_2 - c_1 c_2 - d_1 d_2\right)^2 + \left(a_1 b_2 + b_1 a_2 + c_1 d_2 - d_1 c_2\right)^2$$
$$+ \left(a_1 c_2 - b_1 d_2 + c_1 a_2 + d_1 b_2\right)^2 + \left(a_1 d_2 + b_1 c_2 - c_1 b_2 + d_1 a_2\right)^2。$$

在哈密顿发表他对四元数的研究后不久，他的朋友约翰·格雷夫斯发现了所谓的八元数 —— 一种8维代数。每个八元数 x 都可以写成

$$x = x_0 e_0 + x_1 e_1 + x_2 e_2 + x_3 e_3 + x_4 e_4 + x_5 e_5 + x_6 e_6 + x_7 e_7，$$

其中系数 $\{x_k, \ 0 \leqslant k \leqslant 7\}$ 是实数，单位元 $\{e_k, \ 0 \leqslant k \leqslant 7\}$ 各不相同。表8.2是八元数的乘法表。有一个帮助记忆单位 e_1, e_2, $\cdots$, e_7 乘法的方法是使用第7章遇到的法诺平面（图8.6）。如果 a 通过箭头连接到 b，则 $a \cdot b = c$，其中 c 是使得 a, b 和 c 共线的唯一单元。

表8.2 八元数乘法表

×	e_0	e_1	e_2	e_3	e_4	e_5	e_6	e_7
e_0	e_0	e_0	e_2	e_3	e_4	e_5	e_6	e_7
e_1	e_1	$-e_0$	e_3	$-e_2$	e_5	$-e_4$	$-e_7$	e_6
e_2	e_2	$-e_3$	$-e_0$	e_1	e_6	e_7	$-e_4$	$-e_5$
e_3	e_3	e_2	$-e_1$	$-e_0$	e_7	$-e_6$	e_5	$-e_4$
e_4	e_4	$-e_5$	$-e_6$	$-e_7$	$-e_0$	e_1	e_2	e_3
e_5	e_5	e_4	$-e_7$	e_6	$-e_1$	$-e_0$	$-e_3$	e_2
e_6	e_6	e_7	e_4	$-e_5$	$-e_2$	e_3	$-e_0$	$-e_1$
e_7	e_7	$-e_6$	e_5	e_4	$-e_3$	$-e_2$	e_1	$-e_0$

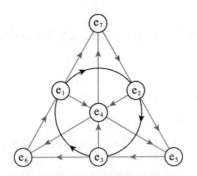

图8.6 利用法诺平面做八元数乘法

　　与四元数类似，显然八元数也不满足交换律。八元数更加奇怪，它还不满足结合律。也就是说存在 $(x_1 \cdot x_2) \cdot x_3 \neq x_1 \cdot (x_2 \cdot x_3)$ 的情况。例如，$(e_1 \cdot e_4) \cdot e_3 = e_5 \cdot e_3 = e_6$，而 $e_1 \cdot (e_4 \cdot e_3) = e_1 \cdot (-e_7) = -e_6$。虽然结构性质更弱，之前应用于四元数的过程还是适用于这里：展开两个任意八元数的乘积，然后将式子与其共轭相乘，这会得出一个公式，其中，两个八平方和的乘积等于八平方和。这个等式由斐迪南·迪根在1818年左右独立发现，被称为迪根八平方恒等式。

阿道夫·赫维兹证明只有 4 种空间会表现出我们讨论的这种乘法结构：实数、复数、四元数和八元数。从实数出发，我们看到向更大空间的每次扩张都会失去一些结构：复数不再有序，四元数不可以交换，八元数则不满足结合律。约翰·巴艾兹通过将这些代数与家庭成员对比生动地刻画了这种结构的消解：

实数是靠得住的挣钱养家的人，是我们都要依靠的完备有序域。复数是有点玄但仍受尊重的年轻兄弟：无序，但是有完整的代数。不可交换的四元数是古怪的堂兄弟，回避重要的家庭聚会。八元数则是疯狂老叔，不允许走下阁楼：他们是无法结合的（巴艾兹，《八元数》，p. 145）。

八元数被冷落多年，因为它们明显与数学物理缺乏关联。20 世纪 30 年代曾热过一阵，但一直到 80 年代才与弦论关联起来。

E_8 峰会

我们看到数学家通过辨识对象深层的结构来研究其对称性。例如，立方体可以沿其纵轴旋转一个直角，其 8 个顶点会占据与原来相同的位置集合。直角旋转可以被再次应用以产生新的变换。沿其他轴的旋转也存在，这些旋转可以组合到一起让立方体顶点保持不变的变换集就是群的一个例子。对群的研究反过来又启发了纯数学、晶体学和数学物理等许多领域。

表示立方体对称性的群是有限群，因为只有有限种方式变换顶点。酒瓶的对称群则有不同的性质。酒瓶可以沿着轴旋转任意角度，对应的旋转群的大小是无穷大，可以表示为圆。这是李群的一个简单例子（以挪威数学家索菲斯·李命名）。李群为理论物理学的许多分支提供了自然的框架。例子包括应用于量子力学的海森伯群和表示粒子物理学标准模型的规范群，这是一个 12 维的群，而标准模型中有 1 种光子、3 种矢量玻色子和 8 种胶子。

尤其有趣的是紧李群，这种群的对称性从技术上讲是有界的。表示瓶子的对称性的李群就是这样的例子。事实上，大部分紧李群都属于4种无穷集之一。它们经常用于解释例如在球面几何和射影几何中见到的对称性。不过有5种李群不属于上面任何一种，它们记为E_6、E_7、E_8、F_4和G_2，被称为例外李群。群E_8是最大的，有248维，最近很受关注。

E_8群可以用所谓的E_8网格构造。这是8维向量（称为根）构成的点网，向量的项具有以下属性：

- 项要么都是整数，要么都是整数加$1/2$，
- 项的和是偶数，以及
- 项的平方和等于2。

根的例子包括向量$(1, 0, 0, -1, 0, 0, 0, 0)$和$(1/2, 1/2, -1/2, 1/2, 1/2, 1/2, 1/2, -1/2)$，存在240种不同的根。这些根组成的网格有时候也称为"钻石网格"，其中每个格胞的体积为1（这种网格称为单模）。群的维度就是$8 + 240 = 248$，因为有240个根，每个根有8个自由度。

2007年发起了一个名为李群及其表示图集的项目，其中的目标之一就是理解李群E_8的表示，它是基于E_8网格（图8.7），表示一种使用矩阵来帮助理解群的某种对称的方式。例如，酒瓶的圆就用旋转矩阵作为表示。要理解复杂李群的表示，可以仅关注不可约的基本表示，这种表示扮演的角色就好比素数在正整数中的角色。20位数学家通过多年的研究，花费了77小时的超级计算机机时，最终破解了E_8。这个团队发现有453060种不可约表示，并且将表示对之间的关联映射到$453060 × 453060$规模的矩阵。值得注意的是产生的信息超过了人类基因组计划绘制的遗传信息。

为什么这个群如此复杂？因为E_8与弦论有关，弦论是描述我们生

活于其中的物理实在的一种现代范式。杂化弦论认为我们生活在26维空间，而不是通常说的4维空间（3个空间维度加1个时间维度）。为了将维度数量从26维减少到感知的4维，这个理论的一部分认为必然有16维空间以一种巧妙的方式将自己蜷曲起来。在数学上这只有两种方式可以发生，其中一种的解释涉及 E_8。

图8.7 E_8 的投影

第9章

整数9

后来出门的时候，在用数字命名的时代广场上，我抬头仰望着那些摩天大楼，感觉到自己被9包围——这个数字最容易让我联想到宏伟感。

——丹尼尔·塔曼特，《生于蔚蓝的日子》

当我读到文章中有人感觉到被什么东西吓到，我就会想象自己站在数字9旁边。

——丹尼尔·塔曼特，《生于蔚蓝的日子》

这本书的最后一个整数 —— 9 —— 又联系到了我们之前遇到的几个主题，包括素数、堆叠和幂数。黑格纳数可能会用它们惊人的关联将你推得更远，但你不需要是有9条命的猫才能在这些让人眩晕的数学中生存和成长。

九个点和共线性

有两个定理都是从6个点开始，生成3个新点并使得它们共线。其中较老的一个是帕普斯定理。假设有两条直线，线上各有3个点，构造6条连接线，在相交的地方会得到3个"中间"点。这个定理断言这3个新的点共线（图9.1）。

另一个结果是帕斯卡定理，它还有一个很大的名头叫做六角迷魂图定理。假设有一个六边形内接于椭圆截面。分成两边，一边3个点，两边相互错开连线，产生3个交点。这个定理断言这3个点也共线（图9.1）。帕斯卡定理推广了帕普斯定理，因为可以让椭圆不断变大同时让这些点大致保留在原来的位置上。当椭圆变得无穷大时，位于椭圆上的两组 3 个点变得共线。

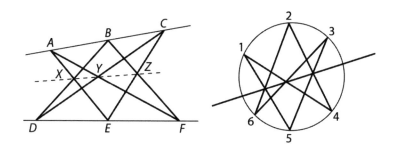

图 9.1 帕普斯定理（左）和帕斯卡定理（右）

帕斯卡定理本身又是一个更广义、更彻底的结果的特例。这个定理涉及三次曲线，也就是可以用三次多项式描述的曲线。在 17 世纪微积分诞生的前夜，这类曲线得到了深入研究。其中一些曲线的名字很有特色，例如，德·斯路斯蚌线、笛卡儿叶形线以及阿涅西箕舌线。这个更广义的结果是凯莱-巴哈拉赫定理。设 A 和 B 是相交于 9 个点的两条三次曲线，如果 C 是三次曲线，并且通过其中 8 个点，则也必然通过第 9 个点。

这些定理展示了推动数学发展的另一种力量：一般化。其中的思想是有时候一些数学事实只不过是更具一般性的原理的特例。这个一般性结果之所以成立是因为某种更深刻的数学。寻求真理的步伐不能停下。

弃九法

在文本和消息中检查错误的传统可以追溯到数千年前。早期的一次成功是复制圣经的部分。犹太抄写员计算了一些量，比如每行的单词数和字符数，以及每页的字符数。将抄本与原本的计数进行比较可以相对高效地在一定程度上确保抄本的准确性。一个错误就足以让辛苦抄写的一页作废。20 世纪中叶发现的死海古卷的准确性印证了这

种细致检查的有效性。

除了检查文本，判断数值计算的准确性也受到了注意。"计算机"（computer）这个英文单词在以前指的是人而不是机器，这个问题的重要性可想而知。有没有简单的方法可以判断计算的准确性呢？这种检测有时候被称为完好性检查。我们来看看弃九法。

弃九法至少可以追溯到千年前。我们来看一个简单的例子。假设有人说1382 × 2596 = 3587672，对涉及的每个数字，我们将数字相加。如果和大于9，就再将数字相加，不断反复直到只留下一个数字。因此将1382的数字相加，得到14，再次将这些数字相加得到5。类似地，2596变换成22然后又变成4。最后，3587672变换成38，然后是11，最后变成2。现在可以检查了，5和4——分别是1382和2596留下的数——的乘积是20，20变成2，与3587672的变化结果一致。

必须说的是这个检查并不保证原来的结果是正确的，它只是说乘积可能是对的。如果我们算出来错误的乘积3542672，变换结果也是2。这个测试最适合用来发现错误，当然仍然会有漏网的情况。弃九法的优点是只需要少数简单的加法，计算量比重新再乘一遍要少得多。

这个方法的原理是什么呢？9又在哪里？如果 $ab = c$，则对于任何整数 r，有

$$[a(\bmod r) \times b(\bmod r)](\bmod r) = c\ (\bmod r),$$

当 $r = 9$，这个式子坍缩得很快。例如

$$1382 = (1 \times 1000) + (3 \times 100) + (8 \times 10) + 2$$

$$= [1 \times (1 + 999)] + [3 \times (1 + 99)] + [8 \times (1 + 9)] + 2$$

$$= (1 + 3 + 8 + 2) + 9M,$$

其中整数 M 的值无关紧要。通过舍弃掉9，我们留下了 $1 + 3 + 8 + 2 =$

14。从14舍弃掉9留下5。由于10的任意次幂都会缩减成1，因此只需要将数字相加就可以了。

素数和九

我们已经看到还有许多与素数有关的问题没有解决。在解决这些问题的尝试中，许多使用现代方法的部分进展都将这些猜想联系到了整数9。

奇完全数

我们在第2章看到还没有发现奇完全数，也就是除数之和等于这个数的两倍。如果存在奇完全数，则至少超过 10^{1500} 并且至少有75个素因数。就这里来说，更有趣的是，已经证明这些素因数中至少有9个是不一样的。

孪生素数

虽然最近孪生素数猜想的证明取得了重大进展，但还是不清楚这个方法能不能给出完整的解答。布朗定理 —— 所有孪生素数的倒数之和是有限值 —— 是这个研究领域中一个迷人的结果。布朗还有一个关于这个谜题的更鲜为人知的结果：存在无穷多个 n，使得 n 和 $n + 2$ 各有至多9个素因数。

让素数相互接近

在第2章，我们遇到了柏特龙一切比雪夫定理：对任意整数 $n \geq 2$，在 n 和 $2n$ 之间至少存在一个素数。一些实验表明对于很大的 n，在这个区间里存在很多素数。一个更强的结果认为，如果 $x > \pi$，则在 x^3 和 $(x + 1)^3$ 之间至少存在9个素数。注意到当 x 很大时，$(x + 1)^3/x^3 \approx 1$，

与柏特龙—切比雪夫定理中的比率 $(2n)/n = 2$ 相反。对于这个更强的结果只有一个附加说明：它的证明需要黎曼猜想成立，这是千禧年大奖难题中最著名的问题。

十五定理

在第4章我们看到，拉格朗日四平方定理断言所有正整数 n 都可以写成4个平方数之和，即 $n = a^2 + b^2 + c^2 + d^2$，其中 a、b、c 和 d 是整数。表达式的右边是二次型的一个例子，也可以写成 $v^T M v$，其中 v^T 是行向量 (a, b, c, d)，M 是单位矩阵，

$$M = \begin{bmatrix} 1 & 0 & 0 & 0 \\ 0 & 1 & 0 & 0 \\ 0 & 0 & 1 & 0 \\ 0 & 0 & 0 & 1 \end{bmatrix}。$$

这个二次型具有正定性，因为当且仅当 $a = b = c = d = 0$ 时它才等于0，否则就为正。

在对拉格朗日的结果的一次一般化尝试中，1993年康威和施尼博格证明了十五定理：如果正定二次型对应的矩阵每一项都是整数，并且二次型自身能得到从1到15的所有值，则该二次型就能得到所有正整数（我们说这个二次型是普适的）。这个定理的一个更紧凑的版本断言，如果能得到9个值，1、2、3、5、6、7、10、14和15，则二次型就是普适的。这个定理很硬——列出的9个数一个都不能拿掉——因为可以构造出除了列出的某个数之外所有正整数的二次型。例如，二次型

$$a^2 + 2b^2 + 5c^2 + 5d^2,$$

它的矩阵表示是

$$M = \begin{bmatrix} 1 & 0 & 0 & 0 \\ 0 & 2 & 0 & 0 \\ 0 & 0 & 5 & 0 \\ 0 & 0 & 0 & 5 \end{bmatrix},$$

可以表示除15以外的所有正整数。

康威和施尼博格的证明很复杂，从未正式发表。2000年，曼朱尔·巴伽瓦发现了一个简单证明，并且列出了所有可能的普适二次型（204种）。事实上，巴伽瓦和乔纳森·汉克还发现了一个有趣的相关结果。假设把条件放宽一点，不要求矩阵的项为整数，只要求二次型是整数值，也就是二次型的系数是整数。这个条件更宽一些，因为 $x^2 + xy + y^2$ 是正定二次型，但对应的矩阵是

$$M = \begin{bmatrix} 1 & 1/2 \\ 1/2 & 1 \end{bmatrix}。$$

这个新的结果断言，如果整数值二次型能得到29个值，1、2、3、5、6、7、10、13、14、15、17、19、21、22、23、26、29、30、31、34、35、37、42、58、93、110、145、203和290，就具有普适性。这个结果有时候也称为290定理。

两种尺寸的圆堆叠

一家西红柿产品的制造商希望能降低运输成本。采购罐装西红柿的商家大部分也会同时采购番茄酱罐头，而番茄酱罐头的半径要小一些。如果按第6章介绍的六边形网格的方法将两种产品分别装送，则罐子密度——整个空间中被利用的空间——大约为0.9069。不过如果将不同大小的罐头一起装送，则能够实现更高的密度。结果刚好有9种圆堆叠方法可以将两种不同尺寸的圆堆紧（没有圆能晃动）。图9.2是最简单的堆法。

图9.2 两种不同尺寸的圆的一种紧堆叠法

卡塔兰猜想

在自然数的群星中，完全幂特别闪耀，因为在所有数学领域都会用到它们。从最初的几个 —— 1、4、8、9、16、25、27、32和36 —— 不容易看出相继的间隔会有多大或多小。如果用 a_n 表示第 n 个完全幂，哥德巴赫证明的一个漂亮公式表明这些数遵循公式：

$$\sum_{n=2}^{\infty} \frac{1}{a_n - 1} = 1。$$

最近，又证明了

$$\sum_{n=2}^{\infty} \frac{1}{a_n + 1} = \frac{\pi^2}{3} - \frac{5}{2}。$$

　　1844年，尤金·卡塔兰猜想9是唯一与另一个完全幂刚好相差1的完全幂，也就是说，$3^2 - 2^3 = 1$。以2和3为底的特殊情形已经在1343年被吉尔松尼德证明。20世纪70年代，利用数论中的高级工具证明了，如果还有其他解，则底不会超过一个很大的数 $B = \exp(\exp(\exp(\exp(730))))$，这个数的大小已经超出了人类的理解范围（$\exp(730)$已经远远超出了宇宙中估计的原子数量：$10^{80}$；$B$的规模太惊人）。虽然是有限，但在实践意义上却是无穷大，因为到目前为止还没有计算机能检验这个数。2002年，当普雷达·米哈伊列斯库给出卡塔兰猜想的证明时，整个数学界都惊呆了。

　　一个有趣的续集将费马大定理和卡特兰猜想结合到了一起，被毫无想象力地命名为费马－卡特兰猜想。它说的是方程

$$x^p + y^q = z^r \tag{9.1}$$

只有有限组整数解，其中底数x、y和z都大于1，指数则满足

$$\frac{1}{p} + \frac{1}{q} + \frac{1}{r} < 1。 \tag{9.2}$$

　　法尔廷斯定理指出对于满足不等式（9.2）的任意单一指数选择，方程（9.1）都只有有限组解。费马－卡特兰猜想则说对于所有可能的指数选择，解的总数仍然是有限的，这个的难度似乎要大得多。目前还只知道9种解：

$$2^5 + 7^2 = 3^4,$$
$$7^3 + 13^2 = 2^9,$$
$$2^7 + 17^3 = 71^2,$$
$$3^5 + 11^4 = 122^2,$$
$$17^7 + 76271^3 = 21063928^2,$$
$$1414^3 + 2213459^2 = 65^7,$$
$$9262^3 + 15312283^2 = 113^7,$$
$$43^8 + 96222^3 = 30042907^2,$$
$$33^8 + 1549034^2 = 15613^3。$$

注意到这9种解都有一个指数为2。这引出了比尔猜想：如果存在方程（9.1）的解并且 $p, q, r > 2$，则 x, y, z 必定有公因数。安德鲁·比尔是达拉斯的一位对数论感兴趣的富有的银行家，他在1997年为他的问题提供了5000美元的奖金，他还承诺奖金每年会增加5000美元，50000美元封顶。后来他又把奖金提高到了100000美元，2013年，这位亿万富翁把奖金提高到了1000000美元。

黑格纳数

有没有简单的公式可以只生成素数？这是早期的素数爱好者的梦想。欧拉有一个非凡的发现：多项式 $x^2 - x + 41$ 在 $x = 1, 2, \cdots, 40$ 时都是素数。除了41，还有一些 n 也具有在 $x = 1, 2, \cdots, n - 1$ 时 $x^2 - x + n$ 是素数的性质：分别是 $n = 2, 3, 5, 11$ 和17。还有其他 n 也具有这个性质吗？还是41是最大的？这个问题的历史很有趣，与一个明显不同的主题有关。

我们已经见过了费马平方和定理，它关注的是可以写成形为 $n = x^2 + y^2$ 的数 n。更一般地，我们可以关注二次型 $ax^2 + bxy + cy^2$ 生成的数。现在来变代数魔术，如果数 s、t、u 和 v 满足 $sv - tu = 1$，则用以下方程构造新的数 x' 和 y'：

$$\begin{pmatrix} x \\ y \end{pmatrix} = \begin{pmatrix} s & t \\ u & v \end{pmatrix} \begin{pmatrix} x' \\ y' \end{pmatrix},$$

通过展开可以证明

$$ax^2 + bxy + cy^2 = A(x')^2 + Bx'y' + C(y')^2, \tag{9.3}$$

其中

$$A = as^2 + bsu + cu^2,$$
$$B = 2ast + b(sv + tu) + 2cuv,$$
$$C = at^2 + btu + cv^2.$$

式（9.3）表明系数为(a, b, c)和(A, B, C)的两个二次型表示了相同的整数集。我们说这两个二次型是等价的。

再变一点代数魔术就会揭示出这两个等价的二次型具有相同的判别式：$D = b^2 - 4ac = B^2 - 4AC < 0$。这使得研究者们——拉格朗日和高斯在其中都扮演了重要角色——将D的类数定义为判别式$b^2 - 4ac$等于D的不等价二次型$ax^2 + bxy + cy^2$的数量。当然尤其让人感兴趣的是有多少D值具有类数1。

对类数的研究一直进展缓慢，20世纪30年代证明了对于给定的类数只有有限数量的判别式，并且至多有10个D值的类数为1：

$$-3, -4, -7, -8, -11, -19, -43, -67, -163,$$

最多再加一个其他值。50年代，高中数学教师库尔特·黑格纳声称他证明了假想的第10个数并不存在。他的论文有一些错误，但不幸的是，他在自己的成果被正确认识之前就去世了。1967年，哈罗德·史塔克用与黑格纳类似的方法给出的证明被认可。值得一提的是，在前一年，阿兰·贝克用完全不同的方法证明了这个结论。不过，类数为1的这9个数还是被称为黑格纳数。

类数问题又是如何与素数序列相关联的呢？拉比诺维奇在1912年第5届国际数学家大会上给出的一个定理将两者关联了起来。如果$D < 0$且$D \equiv 1 \pmod 4$，则当且仅当D的类数为1时，

$$x^2 - x + \frac{1 + |D|}{4}$$

在$x = 1, 2, \cdots, \dfrac{|D| - 3}{4}$时为素数。黑格纳数 −163 证明 $(1 + 163)/4 = 41$ 是最大的生成欧拉那样的素数序列的数。

黑格纳数还和数论的其他部分有深刻的关联。下面是一些让人瞠

目结舌的近似：

$$e^{\pi\sqrt{19}} \approx 12^3\left(3^2-1\right)^3 + 744 - 0.22,$$
$$e^{\pi\sqrt{43}} \approx 12^3\left(9^2-1\right)^3 + 744 - 0.00022,$$

$$e^{\pi\sqrt{67}} \approx 12^3\left(21^2-1\right)^3 + 744 - 0.0000013,$$
$$e^{\pi\sqrt{163}} \approx 12^3\left(231^2-1\right)^3 + 744 - 0.00000000000075。$$

埃尔米特在1859年就发现了 $e^{\pi\sqrt{163}}$ 的这个近似。1975年，马丁·加德纳开了一个愚人节玩笑，说这个数是整数并且已经被拉马努金证明，从此这个数就被称为拉马努金常数。

第10章

答案

四块重排（第4章）

这四块无法拼成图4.4的新矩形。因为对角线的斜率同时为3/8和5/13，显然不对！

四帽子问题（第4章）

答案是C知道自己的帽子是黑的。怎么知道的呢？他只能看到B的帽子是白的。如果他自己的帽子是白的，D就能看到两顶白帽子从而知道自己的帽子是黑的。既然他没说话——C等了一分钟让他先说——C就知道自己的帽子肯定是黑的。

对这个问题的变体，假设B、C或D中有一人戴黑帽子。由于这一边的其他人看到了有人戴黑帽子，他们就会知道自己的帽子是白的并会马上说出来。如果三人都带的是白帽子，则谁也不会说话，这样过了一分钟后，所有人（包括学生A）就都能知道是A戴的黑帽子。

库拉托夫斯基十四集定理（第7章）

用 $\mathbb{Q}$ 表示有理数，集合

$$S=(0,1)\cup(1,2)\cup 3\cup\left(\left[4,5\right]\cap\mathbb{Q}\right)$$

可以生成14个不同的闭和补：

$$S = (0,1) \cup (1,2) \cup \{3\} \cup ([4,5] \cap \mathbb{Q}),$$

$$cS = [0,2] \cup \{3\} \cup [4,5],$$

$$kcS = (-\infty,0) \cup (2,3) \cup (3,4) \cup (5,\infty),$$

$$ckcS = (-\infty,0] \cup [2,4] \cup [5,\infty),$$

$$kckcS = (0,2) \cup (4,5),$$

$$ckckcS = [0,2] \cup [4,5],$$

$$kckckcS = (-\infty,0) \cup (2,4) \cup (5,\infty),$$

$$kS = (-\infty,0) \cup \{1\} \cup [2,3) \cup (3,4) \cup ((4,5) \cup k\mathbb{Q}) \cap (5,\infty),$$

$$ckS = (-\infty,0] \cup \{1\} \cup [2,\infty),$$

$$kckS = (0,1) \cup (1,2),$$

$$ckckS = [0,2],$$

$$kckckS = (\infty,0) \cup (2,\infty),$$

$$ckckckS = (\infty,0] \cup [2,\infty),$$

$$kckckckS = (0,2)。$$

趣味数学（第7章）

如果 n 的每个数字取 k 次幂，它们的和等于 n 本身，我们就称 n 为 k 自恋数。因此 14459929 是 7 自恋数。有 4 个 3 自恋数：153、370、371 和 407。

进一步阅读

这本书中的许多主题都已经很完善，可以在数学课本中见到，还有一些则需要阅读研究性刊物。在线搜索是进一步了解相关主题的最佳方式。下面列出了一些具有可读性的书，让读者可以进一步了解这本书涉及的相关主题。

Jörg Arndt & Christoph Haenel, *Pi Unleashed*, Springer-Verlag, New York, 2000.

Emil Artin, *The Gamma Function*, Holt, Rinehart and Winston, New York, 1964.

John Baez, "The Octonions," *Bull. Amer. Math. Soc.* 39: 145–205.

E. R. Berlekamp, J. H. Conway, & R. K. Guy, *Winning Ways for Your Mathematical Plays*, A. K. Peters, CRC Press, Boca Raton, FL, 2001–2004.

B. Bollobas (editor), *Littlewood's Miscellany*, Cambridge University Press, Cambridge, U.K., 1990.

Jonathan Borwein & David Bailey, *Mathematics by Experiment*, A. K. Peters, CRC Press, Boca Raton, FL, 2004.

J. H. Conway & R. K. Guy, *The Book of Numbers*, Springer, New York, 1996.

H.S.M. Coxeter & S. L. Greitzer, *Geometry Revisited*, Mathematical Association of America, Washington, DC, 1967.

Joseph W. Dauben, *Georg Cantor: His Mathematics and Philosophy of the Infinite*, Harvard University Press, Cambridge, MA, 1979.（道本，《康托尔的无穷的数学和哲学》，大连理工大学出版社，2008）

Joseph W. Dauben, "Georg Cantor and the Battle for Transfinite Set Theory," *Proceedings of the 9th ACMS Conference* (Westmont College, Santa Barbara, CA), 1993 and 2005, pp. 1–22.

Joseph W. Dauben, "Georg Cantor and Pope Leo XIII: Mathematics, Theology, and the Infinite," *Journal of the History of Ideas* 38 (1): (1977), pp. 85–108.

Philip J. Davis, Reuben Hersh, & Elena Anne Marchisotto, *The Mathematical Experience*, Birkhäuser, Boston, 1995.（戴维斯，《数学经验》，大连理工大学出版社，2013）

Erik D. Demaine & J. O' Rourke, *Geometric Folding Algorithms: Linkages, Origami, Polyhedra,* Cambridge University Press, New York, 2007.

Apostolos Doxiadis, *Uncle Petros and Goldbach's Conjecture: A Novel of Mathematical Obsession,* Bloomsbury, New York, 2001.

Underwood Dudley, *The Trisectors,* Mathematical Association of America, Washington, DC, 1996.

Martin Gardner, "The Fantastic Combinations of John Conway's New Solitaire Game 'Life.'" *Scientific American* 223 (October 1970), pp. 120–123.

Martin Gardner, *Hexaflexagons and Other Mathematical Diversions*, Simon and Schuster, New York, 1959.

G. H. Hardy, *Ramanujan,* Cambridge University Press, Cambridge, UK, 1940.

G. H. Hardy & E.M. Wright, *An Introduction to the Theory of Numbers* (6th edition), Oxford University Press, New York, 2008.

Julian Havil, *The Irrationals,* Princeton University Press, Princeton, NJ, 2012.

Fukagawa Hidetoshi & Tony Rothman, *Sacred Mathematics: Japanese Temple Geometry,* Princeton University Press, Princeton, NJ, 2008.

David Hilbert, "Über das Unendliche." *Mathematische Annalen* 95 (1926): 161–190.

Paul Hoffman, *The Man Who Loved Only Numbers*, Hyperion, New York, 1999.

D. A. Holton & J. Sheehan, *The Petersen Graph,* Australian Mathematical Society Lecture Series (Book 7), Cambridge University Press, New York, 1993.

Dan Kalman, "The Most Marvelous Theorem in Mathematics," *The Journal of Online Mathematics and Its Applications*, Volume 8 (March 2008).

Robert Kanigel, *The Man Who Knew Infinity: A Life of the Genius* Ramanujan, Washington Square Press, New York, 1992. (卡尼格尔,《知无涯者》,上海科技教育出版社, 2002)

Victor Klee & Stan Wagon, *Old and New Unsolved Problems in Plane Geometry and Number Theory,* The Dolciani Mathematical Expositions, No. 11, Mathematical Association of America, Washington, DC, 1991.

Jeffrey C. Lagarias (editor), *The Ultimate Challenge: The 3x+1 Problem*, American Mathematical Society, Providence, RI, 2010.

"Landau's Problems," *Wikipedia*, 最后修订于2014年11月10日23:17,http://en.wikipedia.org/

wiki/Landau%27s_problems.

Harold W. Lewis, *Why Flip a Coin*? John Wiley, Hoboken, NJ, 1997.

Dana Mackenzie, "The Poincaré Conjecture — Proved," *Science* 22: 314, no. 5807, (December 2006), pp. 1848–1849.

Stanley Milgram, "The Small World Problem," *Psychology Today* 1(1), May 1967, pp. 61–67.

J. O' Rourke, *Art Gallery Theorems and Algorithms*, Oxford University Press, New York, 1987.

Donal O' Shea, *The Poincaré Conjecture*, Walker & Company, New York, 2007.

Heinz-Otto Peitgen, Hartmut Jürgens, & Dietmar Saupe, *Chaos and Fractals,* 2nd edition, Springer, 2004.

Ivars Peterson, "The Honeycomb Conjecture," *Science News*, 156 (4), (July 24, 1999), pp. 60–61.

David S. Richeson, *Euler's Gem*, Princeton University Press, Princeton, NJ, 2012.

George Finlay Simmons, *Calculus Gems*, McGraw Hill, New York, 1992.

Simon Singh, *Fermat's Enigma*, Anchor, New York, 1998.

Statement of Philosophy and Criteria for the Journal Experimental Mathematics. *Journal Experimental Mathematics*. http://www.emis.de/journals/EM/expmath/philosophy.html.

George G. Szpiro, *Kepler's Conjecture*, Wiley, Hoboken, NJ, 2003.

G. Szpiro, "Does the Proof Stack Up?" *Nature* 424, 2003, pp. 12–13.

Daniel Tammet, *Born on a Blue Day*, Free Press, New York, 2006.

B. Thwaites, "Two Conjectures, or How to Win £1100." *Math. Gaz.* 80, (1996), pp. 35–36.

Robin Wilson, *Four Colors Suffice*, Princeton University Press, Princeton, NJ, 2004.

T. Y. Yi & J. A. Yorke, "Period Three Implies Chaos." *Amer. Math. Monthly* 82 (1975): 985–992.

专用名词译名表

《三个火枪手》	*Three Musketeers*
《哈利·波特与混血王子》	*Harry Potter and the Half-Blood Prince*
《猎鲨记》	*The Hunting of the Snark*
《三分者》	*The Trisectors*
《上帝之城》	*The City of God*
《生于蔚蓝的日子》	*Born on a Blue Day*
《实验数学》	*Experimental Mathematics*
《数学年刊》	*Annals of Mathematics*
《算术》	*Arithmetica*
《新闻前哨》	*News-Sentinel*
《引爆数学》	*Tipping Point Math*
《知无涯者》	*The Man Who Knew Infinity*
《终极挑战》	*The Ultimate Challenge*
BBP级数	Bailey-Borwein-Plouffe series
BSD猜想	Birch and Swinnerton-Dyer Conjecture
k自恋数	k-narcissistic number
阿贝尔–鲁菲尼定理	Abel-Ruffini Theorem
阿德莱德	Adelaide
阿尔罕布拉宫	Alhambra palace
阿基米德镶嵌	Archimedean tessellations
阿涅西箕舌线	witch of Agnesi
阿培里常数	Apéry's constant
阿廷常数	Artin's Constant
艾克特第四投影	Eckert IV projection
安德鲁·比尔	Andrew Beal
安德鲁·怀尔斯	Andrew Wiles
奥克兰大学	Oakland University
八元数	octonions
巴比埃定理	Barbier's Theorem
巴恩斯利蕨	Barnsley fern
巴克码	Barker code

柏区定理	Birch's Theorem
半素数	semiprime
半正则镶嵌	semiregular tessellations
贝亚蒂序列	Beatty Sequence
本福特定律	Benford's Law
本性奇点	essential singularities
比尔猜想	Beal's Conjecture
闭	closure
波达计数法	Borda count
波节线	nodal lines
波塞里亚-利普金连杆	Peaucellier-Lipkin linkage
玻尔-莫勒鲁普定理	Bohr–Mollerup Theorem
柏特龙假设	Bertrand's Postulate
博罗梅安环	Borromean rings
补	complement
不可交换	noncommutative
布拉施克-勒贝格定理	Blaschke–Lebesgue Theorem
布朗定理	Brun's Theorem
布劳威尔不动点定理	Brouwer Fixed-Point Theorem
布鲁尼安链	Brunnian links
超立方体	hypercube
超越数	transcendental number
抽象代数	abstract algebra
春木博定理	Haruki's Theorem
代数基本定理	Fundamental Theorem of Algebra
单模	unimodular
德·斯路斯蚌线	conchoid of de Sluze
德洛奈三角剖分	Delaunay triangulation
等可分解	equidecomposable
等幂和问题	Prouhet-Tarry-Escott problem
等谱	isospectral
狄利克雷逼近定理	Dirichlet's approximation theorem
迪根八平方恒等式	Degen's eight-square identity
笛卡儿叶形线	folium of Descartes
笛卡儿构型	Descartes configuration
电子前线基金会	Electronic Frontier Foundation

海森伯群	Heisenberg group
赫尔维茨定理	Hurwitz's Theorem
赫瓦塔尔梳子	Chvatal's comb
黑格纳数	Heegner number
华勒斯-波埃伊-格维也纳定理	Wallace-Bolyai-Gerwien Theorem
火腿三明治定理	Ham Sandwich Theorem
吉尔布雷斯猜想	Gilbreath's Conjecture
极点	pole
极限点	limit point
煎饼定理	Pancake Theorem
交比	cross ratio
紧李群	compact Lie groups
紧密堆积	close packing
晶体学	crystallography
卡麦克数	Carmichael numbers
卡塔兰猜想	Catalan's Conjecture
开尔文猜想	Kelvin Conjecture
开普勒猜想	Kepler's Conjecture
凯莱-巴哈拉赫定理	Cayley–Bacharach Theorem
康托尔集	Cantor Set
科勒尔-雅可比猜想	Keller Jacobian Conjecture
可列集	countable set
可去奇点	removable singularity
库拉托夫斯基十四集定理	Kuratowski Closure-Complement Theorem
快速排序	quicksort
拉东变换	Radon transform
拉格朗日点	Lagrangian points
拉格朗日四平方数定理	Lagrange's Four-Square Theorem
拉马努金常数	Ramanujan's constant
拉姆齐理论	Ramsey Theory
类数	class number
离散傅里叶变换	discrete Fourier transform
黎曼猜想	Riemann Hypothesis
理查德·泰勒	Richard Taylor
利内斯映射	Lyness mapping
例外李群	exceptional Lie groups

庞加莱－本迪克松定理	Poincaré–Bendixson Theorem
炮弹问题	Cannonball Problem
佩特森图	Petersen graph
朋友和陌生人定理	Friends and Strangers Theorem
彭罗斯镶嵌	Penrose tiling
皮卡定理	Picard Theorems
皮卡小定理	Little Picard Theorem
平动点	libration points
婆罗摩笈多－斐波那契恒等式	Brahmagupta–Fibonacci identity
七圆定理	Seven Circles Theorem
齐肯多夫定理	Zeckendorf's Theorem
奇点	Singularity
奇烦数	odious numbers
奇偶校验	parity argument
弃九法	casting out nines
恰萨尔多面体	Császár polyhedron
群	group
瑞利定理	Rayleigh's Theorem
若尔当曲线定理	Jordan Curve Theorem
谢尔平斯基镂垫	Sierpiński Gasket
谢尔平斯基毯	Sierpiński Carpet
塞瓦定理	Ceva's theorem
赛亚山脉	Koryak Mountains
三次图	cubic graph
桑森－弗兰斯蒂投影	Sanson-Flamsteed projection
色数	chromatic number
砂田定理	Sunada's Theorem
蛇鲨图	snark
射影空间	projective spaces
十五定理	Fifteen Theorem
双周期分叉	period-doubling bifurcation
斯坦利·米尔格兰姆	Stanley Milgram
斯特拉森乘法	Strassen multiplication
四旅行者问题	Four Travelers Problem
四帽子问题	Four Hats Problem
四元数	quaternions

谢尔平斯基三角形	Sierpinski triangle
幸福结局问题	happy ending problem
循环行列式	circulant
亚哈密顿图	hypohamiltonian graph
杨辉三角形	Pascal's triangle
涌现	emergence
有限几何	finite geometry
有向曲率	oriented curvature
元胞自动机	cellular automata
杂化弦论	Heterotic string theory
正定性	positive definite
正问题	forward problem
正则镶嵌	regular tessellations
准晶	quasicrystal
自相似性	self-similarity
组合几何学	combinatorial geometry

人名译名表

阿贝尔	Niels Henrik Abel
阿达马	Hadamard
阿道夫·赫维兹	Adolf Hurwitz
阿尔布莱希特·杜勒	Albrecht Dürer
阿尔奈里兹	Al-Nayrizi
阿科斯·恰萨尔	Ákos Császár
阿兰·贝克	Alan Baker
阿兰·科马克	Alan Cormack
埃德蒙·哈雷	Edmund Halley
埃里克·德曼	Erik Demaine
埃丝特·克莱茵	Esther Klein
艾舍尔	M. C. Escher
艾兹格·迪科斯彻	Edsger Dijkstra
爱德蒙·兰道	Edmund Landau
奥尔格·利希滕贝格	Georg Christoph Lichtenberg
奥古斯都·克雷尔	August Leopold Crelle
奥斯卡二世	King Oscar II
奥托·托普利兹	Otto Toeplitz
保罗·鲁菲尼	Paolo Ruffini
保罗·麦卡特尼	Paul McCartney
保罗·厄多斯	Paul Erdős
鲍勃·博斯	Bob Bosch
彼得森	Peterson
玻尔	Bohr
布莱德利	Milton Bradley
布莱恩·史威兹	Bryan Thwaites
布罗泽克	Jan Brożek
达德利	Underwood Dudley
达尔文	Charles Darwin
大卫·韦伯	David Webb
大仲马	Alexandre Dumas

尼古拉·卢津	Nikolai Luzin
诺姆·艾尔基斯	Noam Elkies
欧拉	Leonhard Euler
帕金	T. R. Parkin
帕普斯	Pappus of Alexandria
庞加莱	Henri Poincaré
培西·希伍德	Percy John Heawood
皮埃尔·旺策尔	Pierre Wantzel
皮特·海恩	Piet Hein
普雷达·米哈伊列斯库	Preda Mihăilescu
普森	de la Vallée-Poussin
乔戈·希贝克	Jörg Siebeck
乔纳森·汉克	Jonathan P. Hanke
乔治·塞克尔斯	George Szekeres
切比雪夫	Chebyshev
萨缪尔·佛格森	Samuel Ferguson
圣奥古斯丁	Saint Augustine
施尼博格	W. A. Schneeberger
施泰纳	Jakob Steiner
史蒂夫·菲斯克	Steve Fisk
矢泽博厚	Yazawa Hiroatsu
斯蒂芬·斯梅尔	Stephen Smale
斯科特·沃伯特	Scott Wolpert
斯普拉格	R. Sprague
斯特拉森	Volker Strassen
斯里尼瓦瑟·拉马努金	Srinivasa Ramanujan
索迪	Soddy
索菲斯·李	Sophus Lie
塔尔塔利亚	Tartaglia
泰比特·伊本·奎拉	Thābit ibn Qurra
汤姆·里德尔	Tom Riddle
唐·扎格尔	Don Zagier
托马斯.沃森	Thomas J. Watson
托马斯·黑尔斯	Thomas Hales
托马斯·尼斯利	Thomas Nicely
威廉·罗文·哈密顿	William Rowan Hamilton